大孔隙介质
渗流特性研究

李永业　著

中国水利水电出版社
www.waterpub.com.cn
·北京·

内 容 提 要

本书较系统的总结了近年来国内外在大孔隙介质渗流方面所取得的科研成果及最新进展，并重点研究了粗粒石和无砂混凝土板两种大孔隙介质的渗流特性。全书共分 5 章，包括绪论、大孔隙介质渗流试验装置及试验方案、粗粒石的渗透特性、无砂混凝土板的渗透特性、粗粒石作用下的无砂混凝土板渗流特性。

本书可供水利工程、岩土工程、道路工程、土木工程、矿业工程等领域的教师、研究生及工程技术人员参考。

图书在版编目（CIP）数据

大孔隙介质渗流特性研究 / 李永业著. -- 北京：
中国水利水电出版社，2018.12
ISBN 978-7-5170-7313-0

Ⅰ．①大… Ⅱ．①李… Ⅲ．①大孔隙渗流－研究
Ⅳ．①TV139.11

中国版本图书馆CIP数据核字(2018)第297988号

书　　名	**大孔隙介质渗流特性研究** DAKONGXI JIEZHI SHENLIU TEXING YANJIU
作　　者	李永业　著
出版发行	中国水利水电出版社 （北京市海淀区玉渊潭南路 1 号 D 座　　100038） 网址：www.waterpub.com.cn E-mail：sales@waterpub.com.cn 电话：（010）68367658（营销中心）
经　　售	北京科水图书销售中心（零售） 电话：（010）88383994、63202643、68545874 全国各地新华书店和相关出版物销售网点
排　　版	中国水利水电出版社微机排版中心
印　　刷	北京市密东印刷有限公司
规　　格	170mm×240mm　16 开本　7.25 印张　142 千字
版　　次	2018 年 12 月第 1 版　2018 年 12 月第 1 次印刷
定　　价	**45.00 元**

凡购买我社图书，如有缺页、倒页、脱页的，本社营销中心负责调换

前　言

大孔隙介质广泛应用于各类实际工程当中，它在应用过程中对工程的影响以及工程对环境的影响已为工程界广泛重视，因此对大孔隙介质渗流特性的研究对于解决实际工程问题以及丰富和发展渗流理论具有重要的意义。

大孔隙介质渗流是一项不断完善发展的技术和课题，是人们寻找解决渗流取排水方法的探索和实践。作者通过多年的理论探讨和试验研究，找到了大孔隙介质渗流取排水的基本方法和实现高效渗流效能的有效途径，为大孔隙介质渗流的应用奠定了一定的理论基础，指明了实践推广的方向。

全书共分5章：第1章介绍了大孔隙介质渗流的研究背景及发展现状；第2章介绍了大孔隙介质渗流试验装置及试验方案；第3章介绍了粗粒石的渗流特性；第4章介绍了无砂混凝土板的渗流特性；第5章介绍了粗粒石作用下的无砂混凝土板渗流特性。

感谢研究生石继忠、王磊、邓亮、李鑫、郑文慧、郑伟、张春晋、刘丹、齐佳佳、杨小妮、张琪琦、井元昊、张峰、马成功、郭志华、乔乐、高远、张涛、强懿鹏对大孔隙介质渗流研究做出了一定贡献，感谢研究生鲁一凡、吴剑、王欣永、王谦、张海赟、陈卓对本书的文字进行了校核。

感谢太原理工大学水利科学与工程学院阎庆绂、孙西欢、马娟娟、张雪兰等老师对大孔隙介质渗流特性研究中提出的宝贵建议。

特别感谢山西省水利厅对大孔隙介质渗流特性研究的大力支持。

本书参考和引用了许多专家、学者的文献。由于大孔隙介质渗流涉及多个学科的基础理论，实际工程中的大孔隙介质渗流又涉及许多行业，领域十分广泛，故本书所能提供的成果是十分有限的，作者希望本书的出版能对该领域的研究和实践起到抛砖引玉的作用。

大孔隙介质渗流是不断发展完善的课题，由于编写时间仓促，加之所掌握资料和作者水平有限，书中不可避免地会有失当和谬误之处，诚恳欢迎读者予以指正。

作者

2018 年 10 月

目　录

第1章 绪 论

1.1 渗 流 理 论

渗流理论主要是研究流体在多孔介质体系内的运动规律，始于 1856 年由法国工程师 H. Darcy 提出的著名达西渗流理论，经过多年的发展，尤其是近些年的迅速发展，渗流理论的研究范围不断扩大，而且渗流理论的研究手段也趋向现代化。渗流力学理论也在由达西渗流逐渐向非达西渗流、牛顿流体渗流向非牛顿流体渗流、经典渗流力学向现代渗流力学理论方向发展。总结其研究方法主要有：室外试验分析法、室内试验分析法、物理模型试验法、解析解分析法、数值模拟分析法。

1.1.1 达西渗流与非达西渗流

渗流力学中考虑其渗流关系是否符合线性关系，渗流条件是否为层流，将渗流分为达西渗流与非达西渗流。

达西渗流理论最早用于法国城市供水问题的研究，是在大量试验研究基础上总结得出的。通过试验发现渗流流量与压力梯度呈线性关系，即著名的达西定律 $v=kj$。达西渗流的适用范围为地下渗流是层流，可通过渗流雷诺数来进行判断，当渗流雷诺数 $Re=1\sim10$ 时适用，当雷诺数 $Re>10$ 时渗流变为紊流渗流，达西定律不再适用。

当渗流超出达西定律的适用范围后，渗流速度与水力坡度的关系不再是线性关系。经过多年研究与发展，在 1914 年 Forcheimer 提出了二项式定律，见式 (1.1)。非达西渗流的研究分为低速非达西渗流和高速非达西渗流。

1924 年帕弗洛夫斯基提出达西渗流开始变为单相的非达西渗流的条件为渗流压力梯度高于临界压力梯度，之后 1945 年又提出了达西渗流的破坏问题，即研究了非达西渗流的启动压力梯度问题。1962—1979 年 Swartzendruber、Irmay 和 Hale 等提出了没有考虑低速非达西渗流下凹段即只有直线段的渗流运动方程，见式 (1.2)，而且研究了水在黏土介质中低速渗流的最小压力梯度等相关问题。1997 年黄延章研究了低渗透岩体的石油渗流，并且给出了特征曲线的包含下凹段运动方程，见式 (1.3)，较为全面地反映了低速非达西渗流的基本特征。而高速非达西渗流的研究是 1901 年由 Forcheimer 提出的，他描述了高速非达西渗流的一般模型；后来 1950 年明斯基、卡内尔等提出了高速非达西渗流的二项式方程，同时研究了渗流速度的平方项；之后 Schideger 等提出了多孔介质渗流模型的高速非达西渗流的二项式方程，见式（1.4）。从 1988 年到现在，高速非达西渗流已经从单相渗流推广到了多相渗流。

$$\frac{\Delta p}{\Delta r} = \frac{u}{k}v + \beta\rho v^2 \tag{1.1}$$

$$v = \begin{cases} 0, J \leqslant J_0 \\ k(J - J_0), J > J_0 \end{cases} \tag{1.2}$$

$$v = \begin{cases} 0, J \leqslant J_0 \\ \alpha J, J_0 < J \leqslant J_1 \\ k(J - J_2), J > J_1 \end{cases} \tag{1.3}$$

$$J = C_1\frac{\mu T^2}{gn}v + C_2\frac{T^3}{gn^2}v^2 \tag{1.4}$$

式中：p 为流体压力水头；r 为容重；μ 为运动黏滞系数；k 为渗透系数；ρ 为流体密度；β 为介质材料的非达西系数；J 为压力梯度；J_0 为启动压力梯度；J_1 为临界压力梯度；J_2 为拟启动压力梯度；n 为孔隙率；C_1、C_2 为与介质有关的系数；T 为弯曲系数；v 为渗流速度。

1.1.2　牛顿流体渗流与非牛顿流体渗流

根据渗流时渗流流体是否发生变形和流动的流变特性，将渗流分为牛顿流体渗流与非牛顿流体渗流。

首先通过流体剪切流动试验，牛顿发现流体速度分布为线性规律，流体的黏度与切应力无关，只与分子结构和温度有关。之后斯托克斯通过假设：①流体各向同性；②流体静止时应变率为零；③牛顿流体的黏滞力只与分子结构、温度有关。得出了牛顿流体的线性方程。水、酒精等低分子结构一般都被近似认为是牛顿流体。

非牛顿流体一般指高分子聚合物等流体，如石油，膨胀性流体、拟塑性流体等黏性高的流体。非牛顿流体表现为流体之间存在相互剪切作用，在应力作用下流体发生蠕动变形，产生应力差。

1.1.3　现代渗流力学的发展

渗流力学随着数学理论的不断发展，计算方法的改进，渗流理论的成熟，逐渐形成了现代渗流力学，成为了一门独立的研究学科。

现代渗流力学的研究表现为：①研究对象的多元化，液体气体和固体之间相互结合研究；②研究手段的现代化，采用现代先进仪器对渗流进行观察，计算等；③研究方法的复杂化，不仅包含室内、室外物理模型试验，而且有物理模型模拟，数值计算；④研究领域的广泛性，渗流理论已经广泛地应用于物理、化学、生物、冶金和材料等各个学术领域。现代渗流理论的形成主要标志为：非牛顿流体渗流研究；不等温渗流研究；非连续介质渗流研究；物理化学渗流研究；低渗透多孔介质渗流；先进仪器的微观渗流研究；多相耦合渗流研究。

现代渗流力学中地下渗流是一个重要的研究分支，由于国民经济发展的需要，地下渗流的研究与应用不断地发展，极大地促进了水资源的利用与开发，并且地下渗流的开发与利用符合现代和谐社会建设的需求，工程属于环保、高效的水资源利用工程。

1.2　大孔隙介质渗流特性

1.2.1　粗粒石（土）的渗流特性

1. 粗粒（石）土的分类及研究状况

粗粒土在土力学中并没有严格的定义，可泛指颗粒直径较粗的土。自然界中土的种类繁多，根据其工程性质的不同，用途也有所不同。从直观上可以粗略地把土分成两大类：①颗粒间连结弱、肉眼可见的松散颗粒称为粗粒土；②颗粒间连结力强、颗粒非常细微肉眼不可见的称为细粒土。实际工程中，这种粗略的分类远远不能满足工程的要求，还必须用更能反映土的工程特性的指标来系统分类。自然界中的土往往是大小混杂，为了对粗粒土的组成情况有更清楚的认识，需对其进行细分。由于对粗粒土在工程中的性质认识不同，研究需要也不同，因此对粗粒土的划分各国有各国的标准，而且同一国家不同部门和行业对粗粒土的界限粒径划分与用筛孔径也不同。比如美国陆军工程师兵团、垦务局材料试验学会通过筛分，联合把 $d>0.075\text{mm}$ 的粒径含量大于 50% 的土称为粗粒土；而美国公路工作者协会通过筛分，把 $0.075\text{mm}<d<76.2\text{mm}$ 的含量大于 50% 的土称为粗粒土。我国国家标准把 $0.075\text{mm}<d<60\text{mm}$ 的含量大于 50% 的土划分为粗粒土，根据研究需要又将粗粒土细分为粗粒类土、砾类土和砂土。按国家标准和水利部行业标准，将粗粒土按粒组划分为细粒组、粗粒组、巨粒组。关于我国相关行业对土的分类标准，下面做简要介绍。

（1）水利部颁布的分类标准。根据研究需要，工程上把大小相近的土粒合并为组，称为粒组，并且人为的划定粒组间的界限，保证划分时粒组界限与粒组性质变化相适应，且按一定的递增或递减关系。

2007 年，水利部对土的工程分类标准进行修改，提出新的《土的工程分类标准》（GB/T 50145—2007），以 0.075mm 作为粗粒组与细粒组的界限，以 60mm 作为粗粒组与巨粒组的粒组界限，粒组划分标准见表 1.1。

表 1.1   土 的 粒 组 划 分

粒 组	颗 粒 名 称		粒径 d 的范围/mm
巨粒	漂石（块石）		$d>200$
	卵石（粗粒石）		$60<d\leqslant200$
粗粒	砾粒	粗砾	$20<d\leqslant60$
		中砾	$5<d\leqslant20$
		细粒	$2<d\leqslant5$
	砂砾	粗砾	$0.5<d\leqslant2$
		中砾	$0.25<d\leqslant0.5$
		细粒	$0.075<d\leqslant0.25$
细粒	粉粒		$0.005<d\leqslant0.075$
	黏粒		$d\leqslant0.005$

对巨粒类土和含巨粒类土的分类，具体划分标准见表 1.2。

表 1.2   巨粒类土和含巨粒类土的分类

土 类	粒组含量		土类代号	土 类 名 称
巨粒土	巨粒含量>75%	漂石含量大于卵石含量	B	漂石（块石）
		漂石含量不大于卵石含量	Cb	卵石（碎石）
混合巨粒土	50%<巨粒含量 ≤75%	漂石含量大于卵石含量	BS1	混合土漂石（块石）
		漂石含量不大于卵石含量	CbS1	混合土卵石（块石）
巨粒混合土	15%<巨粒含量 ≤50%	漂石含量大于卵石含量	S1B	漂石（块石）混合土
		漂石含量不大于卵石含量	S1Cb	卵石（碎石）混合土

注 巨粒混合土可根据所含粗粒或细粒的含量进行细分。

土样中粗粒组进一步又可细分为砾类土和砂类土，此外，对砾类土及砂类土的划分考虑到细粒含量和颗粒级配，也可进行进一步划分，见表 1.3 和表 1.4。

表 1.3   砾 类 土 的 分 类

土 类	粗粒含量		土类代号	土 类 名 称
砾	细粒含量<5%	级配：$Cu\geqslant5$ $1\leqslant Cc\leqslant3$	GW	级配良好砾
		级配：不同时满足上述要求	GP	级配不良砾
含细粒土砾	5%≤细粒含量<15%		GF	含细粒土砾
细粒土质砾	15%≤细粒含量 <50%	细粒组中粉粒含量不大于50%	GC	黏土质砾
		细粒组中粉粒含量大于50%	GM	粉土质砾

表 1.4　　　　　　　　　　　砂 类 土 的 分 类

土类	粗粒含量		土类代号	土类名称
砂	细粒含量<5%	级配：$Cu \geqslant 5$　$1 \leqslant Cc \leqslant 3$	SW	级配良好砂
		级配：不同时满足上述要求	SP	级配不良砂
含细粒土砂	5%≤细粒含量<15%		SF	含细粒土砂
细粒土质砂	15%≤细粒含量<50%	细粒组中粉粒含量不大于50%	SC	黏土质砂
		细粒组中粉粒含量大于50%	SM	粉土质砂

　　粒组中的最后类别为细粒土类，根据其塑性指标，细粒类土可划分为四类，具体分类指标见表 1.5。

表 1.5　　　　　　　　　　　细 粒 土 的 分 类

土 的 塑 形 指 标		土类代号	土类名称
$Ip \geqslant 0.73$（$w_L - 20$）和 $Ip \geqslant 7$	$w_L \geqslant 50\%$	CH	高液限黏土
	$w_L < 50\%$	CL	低液限黏土
$Ip < 0.73$（$w_L - 20$）或 $Ip < 4$	$w_L \geqslant 50\%$	MH	高液限粉土
	$w_L < 50\%$	ML	低液限粉土

注　黏土—粉土的过渡区（CL—ML）的土可按相邻土层的类别细分。

　　（2）建设部颁布的分类标准。我国建设部主编的《岩土工程勘察规范》（GB 50021—2001）对土质分类标准偏重于土作为地基和周围介质方面的应用，对土的分类简便易行。由于其级配特征描述不全面，难以满足评价土石料的要求，因此对主要将土作为建筑材料的水利、道路部门，则不太适用。对粗粒石土和砂土的划分见表 1.6 和表 1.7。

表 1.6　　　　　　　　　　　粗 粒 石 土 的 分 类

土的名称	颗粒形状	颗 粒 级 配
漂石	圆形及亚圆形为主	粒径大于200mm的颗粒超过总质量50%
块石	棱角形为主	
卵石	圆形及亚圆形为主	粒径大于20mm的颗粒超过总质量50%
粗粒石	棱角形为主	
圆砾	圆形及亚圆形为主	粒径大于2mm的颗粒超过总质量50%
角砾	棱角形为主	

　　2. 影响粗粒石渗透性的影响因素

　　（1）土体级配组成。粗粒石渗透性主要由孔隙决定，而孔隙大小又决定于颗粒级配组成和排列情况，且渗透性是颗粒组成、结构、密实度等因素综合反应。

影响颗粒级配的主要参数有不均匀系数以及曲率系数，是粗粒石重要的物理性指标，也是决定工程性质的基本因素。

表 1.7　　　　　　　　　　　　　　　砂　土　的　分　类

土 的 名 称	颗 粒 级 配
砾砂	粒径大于 2mm 的颗粒质量占总质量 25%～50%
粗砂	粒径大于 0.5mm 的颗粒质量占总质量 50%
中砂	粒径大于 0.25mm 的颗粒质量占总质量 50%
细砂	粒径大于 0.075mm 的颗粒质量占总质量 85%
粉砂	粒径大于 0.075mm 的颗粒超过总质量 50%

（2）颗粒形态。天然粗粒石由于风化、搬运及沉积等自然条件的影响，往往会形成形状各异，大小不同的颗粒，颗粒形态的不同，使得若干颗粒排列组成有所不同，也直接导致渗流强度的不同，按照这方面的性质，粗粒石又可划分为各向同性与各向异性两大类。在分析渗流基本规律时，力求使试验粗粒石接近最简单的均质各向同性，选取的粗粒石经过人工加工，使每一粒组粒径趋于相同，当所得规律应用于实际问题时，再考虑实际土体特性。

（3）孔隙结构。粗粒石作为多孔介质，可以看作是由众多包含气体、液体、固体的微小体积组合而成，固体部分充当骨架，可供液体流动的区域称为孔隙，表征孔隙大小及多少用孔隙率表示，是一个无量纲量，孔隙率的大小受级配组成、颗粒形状及排列状况的影响。

多孔介质中，所有孔隙体积占介质整个体积的百分比称为绝对孔隙率，即

$$n_a = \frac{V_r}{V} \times 100\%$$

（1.5）

式中：n_a 为绝对孔隙率，无量纲；V_r 为孔隙体积，m^3；V 为多孔介质体积，m^3。

在多孔介质中，除了能够使液体畅通流动的连通孔隙，还有一部分孔隙不能使液体在其中产生流动，是不连通的，属于无效孔隙。因此，定义有效孔隙体积与多孔介质总体积之比称为有效孔隙度，即

$$n = \frac{V_f}{V}$$

（1.6）

式中：n 为有效孔隙率，无量纲；V_f 为有效孔隙体积，m^3。

对于天然的非固结材料，若颗粒大小均匀，则孔隙率直接取决于颗粒大小，颗粒越小，孔隙率越大；若颗粒大小不均匀，则孔隙率的大小与颗粒尺寸分布密切相关，对于较小颗粒可以填充在较大颗粒的材料，孔隙率就会比较低。

对于可以固结和压密的孔隙介质来说，压密作用可以使其孔隙率明显降低，但对于一些极硬材料，如石英砂，压密作用对其孔隙率的影响就显得不那么明

显。另外，胶结作用也是影响孔隙率的重要因素，由于胶结材料的黏合使得固体骨架产生固结，当孔隙空间被胶结材料所填充时，多孔介质的孔隙率就会显著降低。

（4）比表面积。比表面积是单位体积多孔介质中所有孔隙的内表面积，简称比面。在工业用途中，它是吸附剂吸附能力的一种量度，对于粗粒石来说，受孔隙度、颗粒排列方式、粒径及颗粒形状等因素的影响，细颗粒的比面要比粗颗粒的比面大得多；非球形颗粒的比面要比球形颗粒的比面大得多；颗粒排列得越松散，孔隙度就越大，比面也越大。比表面积越大，孔隙度越大，渗流出水量就越大。

（5）孔隙迂曲度。对于粗粒石的渗透性，单位时间渗流量是主要的参考指标，而水力坡降是影响渗流量的因素之一，渗流路径又是水力坡降的主导因素，但是由于孔隙结构的复杂性，流体在粗粒石的实际运动路程要远远大于其渗流两端的直线距离。因此，在运动学上引入迂曲度这样一个几何标量，它是某一流体真实流程的长度与流入口到流出口之间直线距离之比，是一个无量纲值，用 C_t 表示。很多学者进行了这方面的研究，得出了不同的结果。对于非固结性多孔介质，如果考虑幂律流体的特征参数，以下四个关系式可以用来计算多孔介质的迂曲度。

1965 年，Christopher 和 Middleman 提出：

$$C_t = 25/12 \tag{1.7}$$

1979 年，Kemblowski 和 Michniewicz 给出：

$$C_t = 2.5^n \cdot 2^{(1-n)/2} \tag{1.8}$$

1983 年，Pascal 提出：

$$C_t = (25/12)^{(1+n)/2} \tag{1.9}$$

1985 年，Dharmadhikari 和 Kale 推导出：

$$C_t = \frac{2}{3} \left(\frac{8n^*}{9n^*+3} \right)^{n^*} \cdot \frac{10n^*-3}{6n^*+1} \left(\frac{75}{16} \right)^{3(10n^*-3)/(10n^*+11)}$$

$$n^* = n + 0.3(1-n) \tag{1.10}$$

在不同的幂律指数下，利用上述公式计算出的迂曲度数值见表 1.8。

表 1.8　　　　　　　　幂律指数变化时不同学者所得到的迂曲度

幂律指数 n	式 (1.7)	式 (1.8)	式 (1.9)	式 (1.10)
0.5	2.083	1.880	1.734	0.852
0.75	2.083	2.168	1.900	1.428
1.0	2.083	2.500	2.083	2.083
1.25	2.083	2.883	2.283	2.797
1.5	2.083	3.324	2.503	3.550

（6）外界作用。这里所说的外界作用包括流体的性质、流态、渗透作用以及作用水头等。

1）流体性质。流体性质的影响主要在于黏滞性，液体不同，与粗粒石颗粒之间的黏滞性不同。黏滞性的存在引起液体运动，为克服内摩擦力必定要做功，故其成为渗流运动过程中机械能损失的根源，且渗流流动与孔隙间的摩擦也会导致机械能损失，反映在渗透参数上即水力梯度 J 及变化。

2）流态。渗流在孔隙介质中的渗流形态是其颗粒与流体共同作用的结果，分为层流、紊流以及过渡流。每种流态下的渗流，惯性力与黏滞力的主导性不同，因此对渗流影响也各不相同，层流区流速较小，忽略惯性力引起的水头损失，渗流水头损失以黏滞力为主，流体服从牛顿内摩擦定律，即剪应力－剪切变形速度成直线性关系适用于达西公式；而紊流严重偏离该线形关系，达西定律不再适用；中间存在两者皆有过渡区。雷诺等对管道渗流速度与摩擦水头损失研究分析提出划分流态及达西定律适用范围的雷诺系数 Re。

3）渗透作用及作用水头。渗透作用在颗粒表面的力主要为垂直于颗粒周界表面的压力和与颗粒表面相切的摩擦力。入渗水流沿流动方向对颗粒组成产生的拖拽作用，其实是由压力梯度和黏滞拽力引起的，作用水头的上升对土样表面压力增加，对颗粒拖拽作用也就变大，当上升到一定临界值与阻力相平衡时，颗粒将失去平衡被渗流冲蚀带走，所以渗透力是颗粒运动或停滞的关键因素，也是管涌、流土等不同程度渗透破坏的推动力。

对于以上所述的影响粗粒石渗透性能的诸多因素中，实际工程中是可以被人为控制和应用的，如何将宏观把握粗粒层的铺设特征与粗粒层渗透特性联系起来，是本书研究的主要内容之一。

3. 粗粒石渗透机理的理论分析

（1）渗流模型。水流沿着粗粒石中的孔隙流动，其流动路径相当复杂，无论理论分析还是试验手段都很难确定在某一具体位置的真实流动速度，从工程应用的角度来说也是没有必要的。对于解决实际工程问题，最重要的是在某一范围内宏观渗流的平均效果。为了研究渗流的方便，我们采用一种假想的渗流来代替实际渗流，这种假想的渗流即称为"渗流模型"。以渗流模型取代真实渗流，必须遵守以下原则：

1）渗流模型的流量必须和实际渗流的流量相等。

2）一旦确定作用面，从渗流模型所得出的动水压力，应当和真实渗流动水压力相等。

3）模型的阻力和实际渗流应当相等，也就是水头损失应当相等。

（2）粗粒石渗透相关因素分析。

1）按照渗透模型理论，在水流入渗连续性的基础上，根据水流过流特点，认为水流是沿着一些形状不一、大小各异、弯弯曲曲的通道流动的。

假设多孔介质厚度为 L，均值粒径为 d，孔隙率为 n，体积为 V。

若多孔介质入渗断面孔隙个数为 N，理想化孔隙管道直径为 D_0，管道形状修正系数为 α_1，颗粒形状修正系数为 α_2，颗粒总个数为 N'，真实流程长度为 L'，则

$$N \cdot \frac{\pi}{4}(\alpha_1 D_0)^2 \cdot L' = V \cdot n \tag{1.11}$$

$$N' \cdot \frac{\pi}{6}(\alpha_2 d)^3 = V \cdot (1-n) \tag{1.12}$$

$$N' \cdot \pi(\alpha_2 d)^2 = \alpha_1 N \cdot \pi D_0 L' \tag{1.13}$$

由式 (1.11)、式 (1.12)、式 (1.13) 整理得

$$D_0 = \frac{2}{3}\frac{\alpha_2}{\alpha_1}\frac{n}{1-n}d \tag{1.14}$$

考虑到孔隙迁曲度

$$C_t = \frac{L'}{L} \tag{1.15}$$

则单个孔隙管道体积

$$V_0 = \frac{\pi}{4}(\alpha_1 D_0)^2 \cdot L' = \frac{\pi}{9}\alpha_2 C_t \cdot \frac{n^2}{(1-n)^2}d^2 L \tag{1.16}$$

单位时间孔隙介质渗流量

$$Q = NV_0 = \frac{\pi}{9}N\alpha_2 C_t \cdot \frac{n^2}{(1-n)^2}d^2 L \tag{1.17}$$

引入无因次系数 C，则

$$Q = C \cdot \frac{n^2}{(1-n)^2}d^2 L \tag{1.18}$$

综上所述，当水流稳定入渗时，多孔介质渗流量就取决于其孔隙率、粒径以及铺设厚度。

2) 水流经多孔介质入渗，渗流速度决定着渗流量的大小，水流与孔隙介质之间的黏性摩擦作用是入渗水流速度减小的原因，因此，我们可以认为多孔介质的渗透特性应当受孔隙介质总表面积大小的影响。孔隙介质总表面积表示如下：

单个孔隙介质颗粒的表面积 S_0：

$$S_0 = \pi(d\alpha_2)^2 \tag{1.19}$$

颗粒数 N'：

$$N' = L(1-n_0)A \Big/ \left[\frac{\pi(d\alpha_2)^3}{6}\right] \tag{1.20}$$

孔隙介质颗粒总表面积 S：

$$S = N'S_0 = 6LA(1-n_0)/(d\alpha_2) \tag{1.21}$$

引入无因次系数 f：

$$S = N'S_0 = f \cdot \frac{1}{1-n} \cdot \frac{L}{d} \qquad (1.22)$$

式中：N' 为颗粒总个数；n 为多孔介质孔隙率；α_2 为颗粒的形状修正系数；A 为入渗断面面积；d 为调和平均粒径。

显然，当过水断面面积及孔隙率一定时，总表面积 S 与厚径比 L/d 成正比，所以对于孔隙介质的入渗特性来说，L/d 值就成为一个极其重要的指标。

4. 粗粒土渗透特性研究进展

1856 年，法国工程师达西对装在圆筒中的颗粒组成均匀、无黏性且粒径偏粗的砂进行了渗透试验，提出了线性渗透定律：

$$Q = kA \frac{H_1 - H_2}{L} = kAJ \qquad (1.23)$$

式中：Q 为渗透流量（出口处流量，即为通过砂柱各断面的流量）；A 为过水断面面积；$H_1 - H_2$ 为水头损失（即上下游过水断面的水头差）；L 为渗透路径（上下游过水断面的距离）；J 为水力梯度；k 为渗透系数。

这就是描述孔隙介质中地下水渗流运动的达西定律。达西定律表明：单位时间渗流量与过水断面面积成正比，与水力梯度的一次方即单位厚度水头损失也成正比，所以达西定律也称为线性渗透定律。但是由于自然界土类十分复杂，渗透特性又有所不同，因此达西定律并不能够适用于所有的土类。在此基础上，很多学者又做了进一步的研究：司立希特认为，达西定律在 $0.01\sim3.0$mm 粒径范围时，才是适用的，对小于或大于该范围的粒径的土则不适用；H. H. 巴甫洛夫斯基从层流和紊流两种水流形态方面研究，指出渗流中的线性达西定律只适合于层流；芬奇指出达西定律适用于部分层流，并给出了适用于达西定律的临界流速范围；J. V. 纳给、G. 卡拉地通过研究指出达西定律在雷诺数 $Re<5$ 时才适用；而林奎斯特、克林格则认为雷诺数 $Re<4$ 或 $Re<10$ 时达西定律才适用。

通过人们的反复论证和实践，最终表明达西定律仅适用于呈线性阻力关系的层流运动，而且在天然土体中，大多数土体的渗流流速与水力坡降均呈线性或近似线性关系。达西定律的应用简单易行，为许多工程实际提供了理论依据，至今仍广泛应用，它不仅是解决渗流问题的基本定律，也是渗流理论研究发展的基础。

考虑到粗颗粒料与堆石料的渗透流速比较大，非达西定律可以概括，福希海默（Forchheimer）在 1901 年首先提出对于粗粒土的渗流规律应在达西定律的表达式后加一个二次项，用以适应试验资料：

$$J = av + bv^2 \qquad (1.24)$$

为了与试验资料相拟合，他再度修改表达式，在上式的基础上又增加了一个

三次项，即

$$J = av + bv^2 + cv^3 \tag{1.25}$$

式中：a、b、c 为系数。

1931 年苏联学者 Izbash 提出如下指数关系式：

$$J = cV^m \tag{1.26}$$

式中：m 为渗流指数，$m = 1 \sim 2$。

波鲁巴里诺娃—柯琴娜于 1952 年发现粗粒土的渗透坡降不仅与流速有关，还和加速度有关，即

$$J = aV + bV^2 + c\frac{\partial V}{\partial t} \tag{1.27}$$

以上 4 种基本表达式，都是通过大量试验得出的经验公式，其中 a、b、c 是试验过程中得出的经验值。除此之外，关于粗颗粒渗流规律的探讨，还有很多是从理论出发推导出的理论表达式。

为了研究渗透坡降与孔隙介质和流体性质之间的关系，Ergun 和 Orning（1949）在 Kozeny - Carman（KC）方程的基础上推导出了下式：

$$J = \frac{5\alpha\,(1-n)^2 \upsilon M_s^2}{gn^3}V + \frac{\beta(1-n)M_s}{8gn^3}V^2 \tag{1.28}$$

对于球形颗粒，$M_s = \pi d^2 \Big/ \left[\dfrac{1}{6}\pi d^3\right] = \dfrac{6}{d}$，则上式可以写成：

$$J = \frac{180\alpha\,(1-n)^2 \upsilon}{gn^3 d^2}V + \frac{3\beta(1-n)M}{4gn^3 d}V^2 \tag{1.29}$$

式中：α、β 为土颗粒形状系数；n 为土体孔隙率；M_s 为单位土体体积的比表面积；υ 为水体运动黏滞系数；d 为土颗粒直径。

为了使渗流方程每一项参数的物理意义都清楚，并能通过测定渗透介质和流体性质相关参数就可以确定相应的非线性渗流方程，因此，一些典型的确定性方程被相继提出，如 Ergun 公式、Schneebeli 公式、Winkins 公式以及 Ward 公式。

（1）Ergun（1952）经过一系列的试验研究，在考虑了流体的运动速率、流体的物理特性、孔隙率、孔隙介质通道方向、尺寸和形状的基础上，对 Forchheimer 方程进行了修正，得到公式：

$$J = \frac{150\,(1-n)^2 \upsilon}{gn^3 d^2}V + \frac{1.75(1-n)}{gn^3 d}V^2 \tag{1.30}$$

式中：J 为水力梯度；V 为渗流速度，n 为孔隙率；g 为重力加速度；υ 为流体运动黏滞系数；d 为孔隙介质中某种代表性颗粒的尺寸。

（2）Schneebeli（1955）提出当雷诺数 $Re > 2$ 时的渗流方程：

$$J = \frac{1100\upsilon}{gd^2}V + \frac{12}{gd}V^2 \tag{1.31}$$

式中：J 为水力梯度；V 为渗流速度；g 为重力加速度；υ 为流体运动黏滞系数；d 为孔隙介质中某种代表性颗粒的尺寸。

（3）Winkins（1956）和 Parkin（1991）在管流模型的基础上提出了堆石体的指数型方程，且引入水力半径 R 的概念：

$$J = \frac{0.0465V^{1.85}}{R^{0.0925} \cdot n^{1.85}} \qquad (1.32)$$

式中：n 为孔隙率；R 为水力半径。

（4）Ward（1964）通过 6 种材料的渗流试验数据对上述公式进行了验证，提出了如下方程：

$$J = \frac{\upsilon}{gK}V + \frac{0.55}{g\sqrt{K}}V^2 \qquad (1.33)$$

式中：K 为渗透系数；J 为水力梯度；V 为渗流速度；g 为重力加速度；υ 为运动黏滞系数。

上述方程的提出为非达西渗流提供了更多的理论研究，物理意义也更加清晰明确，为实际工程中的应用提供更多的便利。

通过对上述方程进行对比分析，可以看出，Forchheimer 方程具有一定的理论分析基础，各项系数物理意义清晰，有较好的普适性；Izbash 方程经过了大量试验和工程实际的验证，而且便于计算。因此，在实际应用中，Forchheimer 方程和 Izbash 方程是比较常见的孔隙介质非达西渗流基本方程。其中，Forchheimer 方程（二次方程）中使用最广的是由 Ergun 在 1952 年提出的 Ergun 公式，该公式扩展了 Forchheimer 方程的适用范围，具有更高的普遍意义。但是，对于特定的孔隙介质，Izbash 方程和 Forchheimer 方程（Ergun 公式）的系数均为常数，这两个基本方程均不符合流动机理和运动学规律，无法刻画流场中达西—非达西流的整个动态变化过程。

5. 粗粒土渗透系数的测定模型

渗透系数是衡量粗粒土渗透特性的一个综合指标，它的大小能够反映土体中孔隙的大小、多少和孔隙结构等构成情况。孔隙的构成情况由土的矿物成分、颗粒形状大小、级配、排列状况，以及细料含量决定，另外还与水温、水溶气体含量有关，要精确确定其数值是比较困难的，常用的确定 k 值的方法有：经验法、室内测定法和野外测定法。目前国内外主要通过试验的方法获取，虽然试验方法取得的参数相对准确，但是需要花费大量的人力、物力和财力，而且并非所有的工程项目都具备试验条件，有时还需要根据经验选取，因此以试验为基础建立的经验计算公式就显得尤为重要，可以为类似工程设计和建设提供理论依据和指导。对于粗粒土渗透系数规律的探索和研究，西方国家比我国相对早些，在国内，南京水利科学研究院和中国水利水电科学研究院起步相对较早。目前国内外已研究出的一些定量的渗透系数模型公式如下。

1955 年，太沙基提出计算无黏性砂土渗透系数的经验公式：

$$K = 2d_{10}^2 e^2 \tag{1.34}$$

式中：K 为渗透系数，cm/s；d_{10} 为有效粒径，即含量为 10% 的颗粒粒径，mm；e 为孔隙比，它与孔隙率的关系为 $n = e/1 + e$。

当 $e = 0.707$ 时，式（1.34）就变为哈增公式

$$K = d_{10}^2 \tag{1.35}$$

实际上，渗透系数是体现多孔介质骨架和渗透流体的综合性质。表征流体性质的主要参数有密度 ρ、黏度 η 及它们的组合形式——运动黏度 υ。而骨架性质主要是指颗粒形状、比表面积、粒径分布、弯曲率及孔隙率。考虑到液体性质的不同，渗透系数可表示为

$$K = \frac{k\gamma}{\eta} = \frac{kg}{\upsilon} \tag{1.36}$$

式中：k 为表征多孔骨架的渗透率，它仅与骨架性质有关；g 为重力加速度。

关于渗透率 k 的计算公式，比较典型的有如下几种形式：

（1）平均粒径公式：

$$k = 0.617 \times 10^{-11} d^2 \tag{1.37}$$

式中：d 为颗粒平均粒径，μm。

（2）Fair - Hatch（1933）公式：

$$k = \frac{1}{m} \left[\frac{1-n^2}{n^3} \left(\frac{\alpha}{100} \sum \frac{p}{d_m} \right)^2 \right]^{-1} \tag{1.38}$$

式中：m 为系数，试验值约为 5；n 为孔隙率；α 为砂颗粒的形状因子，取值从球状颗粒的 6.0 到棱角状颗粒的 7.7；p 为相邻筛子之间包含的颗粒的质量百分数，为相邻筛子额定孔径的几何平均值。

（3）水力半径模型——Kozeny 方程：

$$k = c_0 n^3 / M^2 \tag{1.39}$$

式中：n 为孔隙率；M 为比表面积；C_0 为 Kozeny 常数，其取值见表 1.9。

表 1.9　　　　　　　　　　　　　　Kozeny 常数 C_0 的取值

序号	管道断面形状	C_0 取值	序号	管道断面形状	C_0 取值
1	圆形	0.5	3	等边三角形	0.597
2	正方形	0.562	4	矩形	0.667

（4）水力半径模型——Kozeny－Carman 方程：

$$k = \left[n^3 / (1-n)^2 \right] / (5M^2) \tag{1.40}$$

式中：n 为孔隙率；M 为比表面积。

除了上述四种典型的渗透系数计算公式以外，一些国内外研究学者也得出了一些具有代表性的渗透系数经验公式：

1）柯森（Kozeny）公式：

$$K_{18} = 780 \frac{n^3}{(1-n)^2} d_9^2 \tag{1.41}$$

2）扎乌叶列布公式：

$$K_{18} = cn^3 d_{17}^2 / (1-n)^2 \tag{1.42}$$

3）康德拉捷夫公式：

$$K_{18} = 105n (\eta d_{50})^2 \tag{1.43}$$

其中，

$$\eta = \frac{d_m}{d_{100} - m}$$

4）Ｂ·Ｃ·伊斯托明娜公式：

$$K = \frac{gn'(d_{cp}^0)^2}{96\mu} \tag{1.44}$$

5）中国水利水电科学研究院公式：

$$K_{10} = 234n^3 d_{20}^2 \tag{1.45}$$

$$K_{20} = \frac{\eta_{10}}{\eta_{20}} K_{10} \tag{1.46}$$

式中：n 为孔隙率；n' 为有效孔隙率；d_m 为各相应公式的有效粒径，即累计含量为 $m\%$ 时对应的颗粒直径，cm；d_{cp}^0 为孔隙的平均直径，mm；K、K_x 为20℃时土的渗透系数和 x℃时土的渗透系数，cm/s；μ 为试验温度时水的动力黏滞系数；g 为重力加速度，cm/s^2；C 为系数，取 $100 \sim 150$；η 为黏滞系数；$\frac{\eta_{10}}{\eta_{20}}$ 为温度为10℃和20℃时的黏滞系数比。

6）泰勒（Taylor）用毛管流的哈根——伯努利（Hange‐Poiseuille）方程导出渗透系数的表达式：

$$K = d_s^2 \frac{r_w}{\mu} \frac{e^3}{1+e} C \tag{1.47}$$

式中：d_s 为当量圆球直径，可以用等效粒径 d_{20} 代替；r_w 为液体容重；μ 为液体黏滞度；e 为孔隙比；C 为形状系数，通常取 0.2。

朱崇辉等针对粗粒石的颗粒级配进行了一系列的渗透试验研究，并对试验数据进行相关性分析，指出粗粒石的渗透系数与反映其颗粒级配特性的不均匀系数、曲率系数存在较大相关性，在太沙基公式的基础上，将原有公式修正为

$$K = R\sqrt{\frac{C_u}{C_c}} d_{10}^2 e^2 \tag{1.48}$$

孙陶等从颗粒组成、岩性、形状和压实性等方面综合分析了影响粗粒石渗透

系数的若干因素，对现有的粗粒石渗透系数的经验公式进行补充，以颗粒组成和孔隙比（或孔隙率）作为主要参数，得到的渗透系数公式为

$$K = a\left[\frac{e^3}{1+e}\right]^b \qquad (1.49)$$

式中：a 为系数，为 $20\sim30$；e 为孔隙比；b 为指数，为 $1.5\sim2.0$。

邱贤德等结合堆石体颗粒的概率统计分布模型，把渗透系数与堆石体的粒径特征结合起来，建立了堆石体颗粒含量与渗透系数之间的经验表达式 K：

$$K = c \cdot \exp\left\{-\frac{n}{\sqrt{2\pi}\sigma}\int_0^d \frac{1}{d}\exp\left[-\frac{\left(\ln d - \sum_{i=1}^{i=N}(m_i \ln d_i)\Big/\sum_{i=1}^{i=N} m_i\right)}{2\sum_{i=1}^{i=N} m_i(\ln d_i - \ln d_a)\Big/\sum_{i=1}^{i=N} m_i}\right]\right\}dd$$

$$(1.50)$$

式中：c、n 为堆石体本身性质的相关常数，工程中通过试验来确定；m_i 为粒径 d_i 的相对含量；d_a 为堆石体的几何平均粒径；N 为粒径组数。

1.2.2　无砂混凝土板的渗流特性

1. 无砂混凝土板

无砂混凝土板的孔隙率较大、透水性良好，无砂混凝土与普通混凝土的最大区别之处在于只用粗粗粒石，不用细粗粒石。加工时水泥覆盖粗粗粒石的表面，起胶结作用，而不进行孔隙的填充，所以水泥用量减少，粗粗粒石一般选用中等粒径。

无砂混凝土板在开始时较多的应用于道路工程中，比如做透水路面，相比于沥青路面或混凝土路面，无砂混凝土板能较好地解决城市路面积水，"热岛效应"等问题。由于无砂混凝土板透水性强，又具有一定的强度，后来在水利工程中得到了较多的应用，如排水沟、排水管、渗流井、渗渠等排水工程，并在渗流取水工程中也得到了应用。由于无砂混凝土板只有水泥和粗粗粒石组成，而水泥又只起到胶结作用，因此无砂混凝土板的孔隙率和强度的大小，很大程度上取决于在制作时无砂混凝土板的制作工艺，如振捣时间、频率等。

随着城市现代化的建设，道路的改造，房屋的拆迁重建，产生了许多建筑垃圾，无砂混凝土的制作可以将这些废弃混凝土进行回收重新利用，使废弃混凝土成为再生粗粗粒石，所以无砂混凝土的利用不仅是工程建设的需要，同时为城市垃圾的处理提供了新的处理方法，具有一定的实际意义。

2. 无砂混凝土板渗透特性研究进展

由于无砂混凝土板属于多孔介质结构，具有渗透、承重等特性，所以在水利工程中得到了广泛的应用。无砂混凝土板应用于渗流取水工程中，首先利用其大孔隙进行渗流取水，实现取水工程的主要目标；其次在河道河床的治理提供基

底；最后无砂混凝土板作为一种整体材料，在维护、治理、维修方面较松散的渗滤材料更加方便。

随着无砂混凝土板在渗流取水工程中应用的增加，国内外对无砂混凝土板的渗流取水都进行了研究，国外的渗流取水工程大多布置在砂砾石含水层中，而且国外水资源较为丰富，渗流取水量较大，在德国、加拿大等国家都得到了成功的应用；在我国利用无砂混凝土板进行渗流取水的研究也较早，如新疆石河子大学刘焕芳等对渗流取水的实际工程进行了研究，总结了设计和施工的渗流材料的选取问题，研究得出了渗流材料的配比对渗流效果影响及渗流材料的强度和承重能力；黑龙江大学戴长雷等对渗流系统进行了模拟与调控，主要研究了影响渗渠取水的水源因素，并以多宝山取水工程为例设计了取水模型。

由于无砂混凝土板渗透、过滤的功能，所以国内外把无砂混凝土板应用到实际工程中的例子越来越多。自 1970 年以来，美国、法国、英国等国家都利用无砂混凝土板建造路面，有利于路面的排水；在日本，常年降雨较多，但是地下水越来越少，为了解决这个问题，在 20 世纪 70 年代末，日本有关专家对无砂混凝土板进行了研究，通过无砂混凝土板使雨水变成地下水；Jimenez 等对无砂混凝土的渗透性与时间的关系进行了分析研究，得出了由于无砂混凝土内有许多的贯通性孔隙，所以其渗透性能远远高于普通混凝土；Montes 等利用变水头渗透仪微机系统对无砂混凝土的渗透系数进行了测量，该系统得出渗透系数的方法是记录试验过程中随时间变化水头差值。

国内科技工作者对无砂混凝土板透水性能也进行了许多研究，在 20 世纪七八十年代，北京市园林区利用无砂混凝土做路面给古树营造一个良好的生存环境，由于无砂混凝土的透气性和渗透性，所以这有利于古树的生存；郑木莲等对无砂混凝土的排水施工进行了研究，提出了一种既能满足孔隙率，也能满足强度的无砂混凝土配合比设计方法；高建明等研究了植生型无砂混凝土，得出了植生型无砂混凝土的透水性与孔隙率有关，且其透水性系数为 $1.5 \sim 3.0$ cm/s；2008 年，北京市由于几场大雨造成城市积水，为了解决这个问题，在为奥运会建设的道路上广泛采用无砂混凝土，这个措施很大地改善了周围的生态环境；刘娟红等通过对北京市南北长街道路工程中的无砂混凝土进行研究，得出了连通孔隙率和无砂混凝土的渗透系数的对应关系较好；李学军等对无砂混凝土进行了试验研究，提出了应用无砂混凝土作反滤排水管可以得到保证强度、透水性和经济性要求的最佳配合比；霍亮等对无砂混凝土的透水系数进行了试验研究，得出了无砂混凝土的孔隙率增大，透水系数会相应的增加，无砂混凝土的透水性会相应的增大。

综上所述，无砂混凝土板在渗流工程中的研究与应用，具有较大的实际意义，而对无砂混凝土板的渗流效能、该技术的影响因素及渗流效能的控制条件进行研究，可为这类渗流工程的推广应用提供相应的理论依据。

1.3　多孔介质模型的渗流数值模拟

多孔介质是指内部结构中包含许多孔隙结构的固体体系，并且其内部孔隙结构具有连通性，多孔介质在渗流力学中的研究具有相当重要的意义。多孔介质是研究渗流力学的载体，在地下水文学、土壤学、土力学等学科中有广泛的应用，是这些学科的基础。数值模拟是解决多孔介质模型渗流问题的有效方法之一，能弥补其他一些方法的不足，可以和渗流问题的研究成果相互验证，极大地促进了渗流问题的解决。

1.3.1　多孔介质渗流模型研究方法

从达西定律理论建立之后，对多孔介质渗流的研究进入了崭新阶段，研究方法和手段得到了充实和改进。在解决比较复杂的渗流问题方面，茹可夫斯基、巴甫洛夫斯基等做出了一定贡献，先后推导出了渗流微分方程，见式（1.51），还提出了渗流场的电模拟法；之后 Richards 等将线性渗流推广到了非饱和渗流问题，并建立了水流控制方程，见式（1.52）。

$$u_z = k \frac{\partial H}{\partial z} \tag{1.51}$$

$$\frac{\partial \theta}{\partial t} = \frac{\partial \left[k(\theta) \frac{\partial \psi}{\partial x} \right]}{\partial x} + \frac{\partial \left[k(\theta) \frac{\partial \psi}{\partial y} \right]}{\partial y} + \frac{\partial \left[k(\theta) \frac{\partial \psi}{\partial z} \right]}{\partial z} \tag{1.52}$$

式中：θ 为含水量；ψ 为非饱和体的总水头；t 为时间。

渗流模拟研究不断发展并应用到实际中，成功解决了大量工程问题，如漫湾水电站二期工程中运用数值方法成功解决地下厂房围岩的渗流问题，在锦屏二级水电站建设中用数值模拟方法解决隧洞高压突水的三重介质渗流问题等。

随着现代信息技术的发展，科技手段的日益更新，数值模拟法在多孔介质渗流问题中的应用日趋多样化和完善化。同时数值模拟方法在微观层面对多孔介质渗流进行研究，其模拟结果更加形象准确，并且验证了宏观层面的研究结果。

1.3.2　数值模拟与多孔介质渗流模拟

多孔介质渗流问题的数值模拟是基于流体力学分析和解释流场分布特性的方法，其基础为计算流体力学。计算流体力学是近年来随着计算机模拟技术的快速发展，利用流体力学理论、计算机技术和数值分析等交叉融合产生的一门应用基础学科，计算流体力学的出现弥补了物理试验研究和理论推导两种方法的不足，具有多方面的优势：①相比于试验研究，能够节约巨大成本，减少试验周期，对于选择理想压力水头有很强的指导作用；②应用范围更广，机动性强，可以灵活设置多种初始条件和边界条件；③相比于理论推导，数值模拟能够解决更多的实际问题，计算结果的精度也能够满足要求。④通过对多种压力水头的模拟，对于采用新的试验研究方法和理论有一定的启发和补充作用。

随着计算机技术的飞速发展，尤其是云计算开发和超级计算机的广泛应用，对于计算流体力学的发展有着巨大的推动作用。其中关于渗流场的数值模拟非常多，涉及领域也很广泛。许多学者首先以煤、气两相流为模型，利用 FLUENT 软件对多孔介质的进气路线进行了模拟；于荣泽等对低渗透的多孔介质进行了变渗透率的数值模拟，得出了不同地层渗流的分布范围；宋永占等利用 FLUENT 软件对重力坝坝基的渗流场问题进行了模拟研究，得出了渗流场模拟结果与理论求解法的计算结果之间误差不超过 3%；李作勤等对防渗墙堤基的渗流场进行了模拟，分析得到了不同厚度防渗墙的渗流场与防渗效果；孟祥奎等对多孔介质内部压降的影响因素进行了 FLUENT 模拟研究，得到在速度较小时压降随多孔介质长度呈直线变化，速度增大后，压降随多孔介质长度呈二次方变化。这些都为进一步研究大孔隙介质渗流特性提供了有力依据。

1.4　渗 流 取 水 工 程

1.4.1　渗流取水技术

渗流取水是充分利用自然环境的自我净化功能，向江河水求取洁净饮用水的一项净水技术。该技术是一种因地制宜、生态节能的取水方式。在结合地区水源地形的基础上开发建设，因地制宜、管理简单的优势使得其对当地植被生物的栖息生存环境影响程度小，对于改善地区用水困难的现状具有较好的调节调度作用。针对我国部分地区水资源短缺，开发利用不足的现状，挖掘新型的水资源开发方式以及研究水资源的再生利用率是解决该难题开源节流的有效路径。

渗流取水是一种投资成本低、运行成本低、收益较高、占地较小、污染率低、环保型高科技的综合取水技术。渗流取水技术被业界公认为是我国给水领域的重大突破，已在我国重庆、四川、湖北、湖南、广西、江西、辽宁等地被广泛运用，投建渗滤水厂 20 余座、总取水规模约 60 万 t/d，效果良好。

渗流取水工程系统主要由渗滤孔群、反冲系统、水量控制系统、汇水洞室、江底输水巷道和地面泵站组成。通过在集水竖井中抽水，使得井水位降低，通过压力传导作用，河水位与竖井水位之间产生压力差，在河床底部滤料层内形成低压区，诱使河水下渗，穿过滤床表层滤膜、砂卵石层和特制过滤器后进入汇水洞室和井巷，河水穿透滤床时，水中的有机污染物和杂质被滤床表层滤膜和砂卵石层吸附和过滤，滤床表层的过滤物又被动态变化的河水冲刷和更新，经过多年渗流后可以保持动态平衡，从而在滤床底部可源源不断地获取较高品质的工业、农业用水，甚至水流经消毒后便直接供给用户。目前海水净化、污染水源过滤技术等水资源的新型方式的开发和利用在我国产业结构调整和生产生活等方面发挥着重要作用，但由于其开发建设成本高、机械智能化程度高，在广泛推广上尚且存在一定难度。而渗流取水技术以传统的取水方式为基础，对传统方式进行改进，具有便于普及，构筑简单，成型较快等优点，渗流取水技术的主要优点如下：

（1）水质优：取水区位于江河中心地段，流速较大，河道中心地段水质较岸边好。江河水渗入滤床系统。砂卵石层的净化过程将产生一系列物理，化学和生物净化作用，过滤水质得到改善。

（2）水量大：天然滤床的取水面积和表层水头压力是决定取水量大小的两个重要因素。渗滤取水系统由于河流底部的滤床布置，以及渗流孔群的辐射，一方面使取水控制的滤床表面水头压力非常大；另一方面可以使得各向渗流同时进行。因此，其取水量较传统的傍河地下取水方式有了本质的提高，单日取水量有显著的增加。

（3）运行服务期长：取水过程中砂卵石滤床中水的流速非常缓慢，远小于江河水平均流速，并且保持了河流天然砂卵石滤床中地下潜流水数万年的自然平衡渗流状态。当江河流速大于 0.05m/s 时，砂卵石滤床表面沉积的细颗粒物被流水冲刷置换，不易形成对砂卵石滤床的堵塞，加之渗滤孔群反冲系统的定期自动反冲洗，所以在正常维护和不出现重大的环境条件变化情况下，渗滤水厂正常服务期可达 20 年以上。

（4）维护方便：通过地面对井内渗滤孔群产水量的自动控制系统，使竖井中水位快速降至输水巷道以下，便于人和机具设备直接进入井、巷道和洞室，维护、检修较为方便。

渗流取水工程主体工程构筑位于地下，对河流生态环境无影响，同时具备良好的防洪，防灾和抗震性能。而且解决了北方地区冬季冰封河流取水困难，水量不足，取水成本高等难题。

1.4.2 渗流取水工程设计的相关问题

取水工程是水资源利用与保护的重要内容之一，也是供水工程的重要组成部分。取水系统工程设计时主要考虑的因素有水源的类型、状况和布局，渗流取水工程的位置确定，取水工程的设计方案，水源的保护等。

渗流取水工程是在考虑上述影响因素的基础上，拓展新思维，提出的一种新型取水方式。渗流取水工程在取水时对水源的状态要求较低，其能适应水源轻微污染、泥沙含量较大的情况；渗流取水工程其主体布置在河道河床和水库底部，减小了占地面积，而且在修建的同时能对河道进行治理加固，渗流取水工程在地下布置的同时，也可以在河道两岸布置，其渗流面积得到了扩大，保证了取水量；最后渗流取水工程不会对水源产生新的污染，而且能在一定程度上治理水源的污染，扩大了水资源的利用范围。较传统的取水供水工程，渗流取水工程在一定程度上具有较大的优势，而且能够解决用水问题，是值得进行研究与推广的一种新型取水工程。

然而渗流取水工程也有一定的局限性，渗流取水工程的取水量是变化的，而且不好控制，其取水量主要取决于渗透压力的大小，与河道中水量的周期性变化相匹配；其次渗流取水系统的堵塞问题处理有一定难度，目前尚缺乏有效显著的处理办法。有的渗流取水工程由于水文地质条件不好，补给量不足，不能满足取水要求；有的是由于渗流系统渗滤层的堵塞造成渗流工程使用寿命缩减；也有的是由于工程生产管理不好，过量开采，或者受到水污染等原因使得工程出现问题。所以在研究渗流取水工程时对这些经验教训要采取积极态度，要批判的吸收和借鉴。既要发挥渗流工程的优点，同时也要避免渗流工程的弊端，使渗流工程实现效益的最大化。

第2章 大孔隙介质渗流试验装置及试验方案

2.1 试 验 系 统 设 计

根据达西试验装置，采用上顶封闭式的试验模型，通过调整内部压强，来获得试验所需要的工作水头。

本渗流试验系统主要包括水源及供水系统、有压水供水系统、试验系统、测试系统、水流回收系统。其中，水源及供水系统包括地下水库、潜水泵、供水管路及贮水箱。有压水供水系统包括离心泵、调节阀及压力管路。试验装置包括承压箱体、大孔隙介质（粗粒石、无砂混凝土板）和进水管路及通道。测试系统包括压力水头测试装置和流量测试装置。水流回收装置包括溢流管、退水渠和退水口等。试验系统流程如图2.1所示。

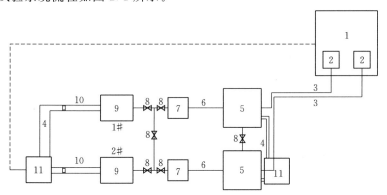

图 2.1　试验系统流程图

1—地下水库；2—潜水泵；3—水箱进水管；4—退水、溢流、排水渠；5—供水箱；
6—供水管；7—试验供水水泵；8—调节控制阀；9—试验装置；10—流量测试装置；
11—地下水库退水口；1#—1号试验装置；2#—2号试验装置

试验时，先将地下水库中的水用潜水泵抽至供水箱，待水达到溢流状态，再通过离心泵抽出供水箱里的水，并经输水管道将水从试验装置顶部送至试验装置，水流经大孔隙介质（粗粒石、无砂混凝土板）渗流后，从试验装置底部的出水部分流出，并经循环回水管、退水渠流回地下水库。其中，退水渠由塑料板黏合而成，其上装有直角三角形堰，用来测量渗流流量，进水压力用精密压力表测量。试验系统布置图如图2.2所示。

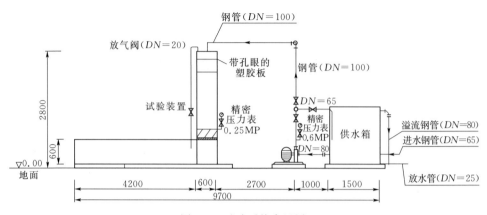

图 2.2　试验系统布置图

为了详细说明该渗流试验装置，将试验装置进行细化为进水段、粗粒石层段、无砂混凝土板段和入渗水流出水段。试验系统采用直径 $D=65\text{mm}$ 的钢管向

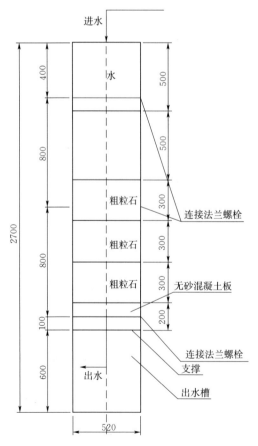

图 2.3　试验装置详图

试验装置供水，离心泵型号为 IS-65-80-160 型，功率为 7.5kW，扬程 15m，保证了水流进入试验装置中的连续性和压力的稳定性；供水箱采用 5mm 的钢板焊接而成的水箱，容积为 1.5m×1.5m×1.5m，并且在水箱上方设置溢流水管；试验箱体用 5mm 钢板焊接制作为一个长方体承压箱，承压箱体长 0.5m，宽 0.6m，高 3m。试验装置顶部安装排气阀门以及压力通气孔，试验承压箱体分为三节，底部为支撑段连接出水槽，支撑段由条形钢板焊接而成，在支撑面上放置无砂混凝土板，中间为粗粒石层段，用于装填粗粒石，顶部为空余的水箱盖板；每段都用螺丝和 5mm 厚的法兰垫片连接，每层接触面布置一层聚乙烯土工膜防渗材料，用来防止水流从边壁和接触缝出流。试验中采用电动葫芦起吊装置进行试验装置的安装与大孔隙介质（粗粒石、无砂混凝土板）的放置。详细的试验装置图如图 2.3 所示。

2.2 试 验 测 量 设 备

本渗流试验中，主要采集和测量的数据包括承压水头以及渗流出水流量，所选用的测量设备分别为精密压力表和直角三角薄壁堰；另外，在做粗粒石压实性相关试验时，还用到量筒、钢卷尺、机械台秤等。具体介绍如下。

（1）精密压力表。精密压力表由测量系统、指示部分和表壳部分等组成。其中，测量系统包括接头、弹簧管、齿轮转动机构等部分，由于被测介质的压力作用，弹簧管的末端（自由端）相应地产生位移，同时借助连杆带动机构中的扇形齿轮产生一角位移，从而使齿轮轴得以偏转；指示部分由分度盘、镜面和指针等组成，由指针将齿轮轴的偏转值相应地在分度盘上指示出被测介质的压力值；表壳部分由表盖、表玻璃和罩壳等组成，表盖的下端设有供调整零位用调零装置，以保持零值和读数的准确性。

为便于计算，本试验中的压强值采用压强水头来表示。

（2）直角三角薄壁堰。直角三角薄壁堰（图2.4）原理如下：

当所需测量的流量较小（例如 $Q < 0.05 \text{m}^3/\text{s}$）时，若应用矩形薄壁堰则水头过小，误差增大。一般采用直角三角薄壁堰，其计算公式为

$$Q = C_0 H^{5/2}$$

式中：C_0 为直角三角形薄壁堰的流量系数，一般取 $C_0 = 1.4$。

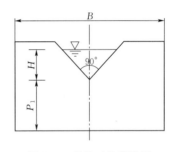

图2.4 直角三角薄壁堰

当 $H > 25\text{cm}$ 时，上式修正为

$$Q = 1.343 H^{2.47}$$

式中：Q 为流量，m^3/s；H 为堰顶水头，m。

（3）量筒。用于测定粗粒石在自然堆积状态（松填）时的孔隙率。

（4）钢卷尺。用于压实试验中，测定粗粒石沉降量。

（5）机械台秤。在制取不同容重粗粒石或无砂混凝土板时，用于对每次加量进行称重。

2.3 试 验 方 案

2.3.1 粗粒石渗流试验方案

从粗粒石的渗透特征来看，影响粗粒石渗透性能的因素主要有粒径、厚度、压

实性能以及容重等。此外，考虑到实际应用，粗粒石承压水头也是影响其渗流量的主要因素，因此，在基于多个承压水头作用的基础上，就粗粒石的粒径、铺设厚度、压实性能以及容重这些因素来进行粗粒石渗透性能的探讨，具体试验方案如下：

承压水头：3m、4m、5m、6m、7m、8m、9m、10m。

粗粒石粒径：5mm、20mm、60mm。

粗粒石厚度：30cm、50cm、70cm、90cm。

粗粒石容重：$18.62N/cm^3$、$21.23N/cm^3$、$23.19N/cm^3$、$24.50N/cm^3$、$25.15N/cm^3$。

压实方法：松填、分层木槌夯实、人工重锤夯实与高压水头共同作用。

1. 试验总体设计

由于试验的研究对象、研究内容和研究目的的不同，试验按照不同的类型分阶段进行。试验的总体设计如下：

（1）测定三种不同粒径粗粒石在自然堆积状态下的孔隙率。该试验组的主要目的在于对三种粗粒石在自然堆积状态下的孔隙率有定量的把握，也作为探讨粗粒石压实性能的初始条件。

（2）测定三种粗粒石的最小干密度、人工夯实干密度以及最大干密度。该试验组的主要目的在于探讨三种粗粒石的压实性能以及压实性能对单位渗流量的影响。

（3）测定不同水头作用下，单一参数变化对粗粒石渗流量的影响。该试验组主要探讨单一参数（粒径、厚度、容重）变化对粗粒石渗流量的影响，通过相关分析及曲线拟合，定性得出其相关关系，为实际应用提供理论依据。

2. 粗粒石初始孔隙率测定

对于三种不同粒径的粗粒石，测定其自然堆积状态下的孔隙率即是试验箱内松填时的孔隙率，也可作为粗粒石压实性能的初始条件。

粗粒石自然状态下（松填）孔隙率的测定方法如下：

（1）取一定量的粗粒石，置于清水池中，将粗粒石表层粉尘及泥沙冲洗干净后，自然风干。

（2）将样品置于 2000mL 量筒内（松填），水平放置后，使其表层与某一刻度线齐平，该读数即为样品的表观体积 V。

（3）另取 2000mL 的量筒，量取自来水 V_1，缓慢注入样品量筒中，使得液面与粗粒石表层刚好齐平。

（4）读取剩余水量 V_2，则粗粒石孔隙所占体积 $V_3 = V_1 - V_2$

（5）求得粗粒石孔隙率 $n = V_3/V \times 100\%$

3. 粗粒石的压实性对渗流特性影响的试验方案

本试验组按《土工试验规程》（SL 237—1999）进行，粗粒石的人工夯实密度采用分层木槌夯实法测定，最小干密度采用松填法测定，最大干密度通过重锤夯实以及高压水流冲击以达到体积不再发生变化而得到。充分风干粒径 d 为 5mm、20mm、60mm 三种粗粒石，进行压实性能测定。

（1）最小干密度测定。采用人工松填灌注法将试样桶装后倒入试验箱（试验箱尺寸为：长 $a=0.6$m；宽 $b=0.5$m；高 $c=1.2$m），每桶试样在倒入之前，分别称其重量并记录。松填时，保持粗粒石自由下落的距离为 $2\sim5$cm 之间，当填筑高度距试验箱口 70cm 左右时，停止加料，用平铲将试样刮平后，采用钢直尺测量试样顶部距箱口的距离并记录，测量时，以"田"字形方格中选取至少 4 个点进行测量，然后取其平均值作为 c_1，则人工松填高度 $L_1=c-c_1$。此时，试样装填总质量为 m_s，最小干密度：$\rho_{dmin}=m_s/V_c=m_s/(abL_1)$。

（2）人工夯实干密度测定。取质量 m_s 的粗粒石试样进行分层装填，每层装填厚度大约为 10cm，试验人员用木槌进行夯实后，再进行下一层，每层夯实大约 5 分钟，直至质量 m_s 的粗粒石试样完全夯实，此时粗粒石试样已基本密实，不再有下沉变化，用平铲将试样刮平后，采用钢直尺测量试样顶部距箱口的距离并记录。测量时，以"田"字形方格中选取至少 4 个点进行测量，然后取其平均值作为 c_2，则人工夯实高度 $L_2=c-c_2$。此时，试样装填总质量为 m_s，人工夯实干密度：$\rho_{d0}=m_s/V_t=m_s/(abL_2)$。

（3）最大干密度测定。采用上述方法，在对粗粒石试样人工夯实的基础上，使试验箱在高压水流条件下再度密实，待试样体积已无变化时，采用钢直尺测量试样顶部距箱口的距离并记录。测量时，以"田"字形方格中选取至少 4 个点进行测量，然后取其平均值作为 c_3，则高度 $L_3=c-c_3$。此时，试样装填总质量为 m_s，最大干密度：$\rho_{dmax}=m_s/V_s=m_s/(abL_3)$。

（4）相对密度计算。

$$D_r=\frac{\rho_{d0}-\rho_{dmin}}{\rho_{dmax}-\rho_{dmin}}\times\frac{\rho_{dmax}}{\rho_{d0}}\times100\% \tag{2.1}$$

式中：ρ_{d0} 为人工夯实干密度；ρ_{dmin} 为最小干密度；ρ_{dmax} 为最大干密度。

（5）渗流量计算。在承压水头 $H=7.38$m 条件下，分别对三种粗粒石在松填和人工夯实情况下作渗透试验，待压力表读数保持稳定不变时，读取直角三角堰测针读数，计算出水流量。

4. 粗粒石容重对渗流特性影响的试验方案

该试验组所采用的不同容重，是以恒定的铺设厚度和渗透断面为条件，因此，所取的不同容重可以通过多次振捣、加量，以质量的变化表征粗粒石容重的变化。考虑到三种粒径粗粒石的压实性能，该试验组选取 $d=5$mm 粗粒石作为研究对象，选定厚度 50cm，顶部设有防冲层。通过调节供水阀门，使封闭试验箱体达到指定水头 3m，待出水流量稳定且压力表读数保持不变时，读取直角三角

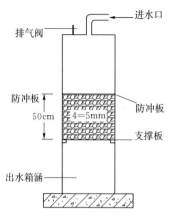

图2.5　不同容重下的粗粒石
渗流时性试验装置

堰测针读数，计算出水流量。同理，得4m、5m、…、10m水头对应的出水流量。

试验完毕后，打开箱体，移除防冲板，测量粗粒石层沉降量，并加以振捣，然后加料至50cm，放入防冲层，封箱，重复上述试验。

多次振捣加料，依次得到5组不同容重的5mm粗粒石在3m、4m、5m、…、10m水头对应的出水流量，如图2.5所示。

5. 粗粒石粒径对渗流特性影响的试验方案

该试验组分别以相同厚度的粒径为5mm、20mm、60mm的粗粒石对箱体填充，顶部设有防冲板。通过调节供水阀门，使封闭试验箱体达到指定水头3m，待出水流量稳定且压力表读数保持稳定不变时，读取直角三角堰测针读数，计算出水流量。同理，得4m、5m、…、10m水头对应的出水流量，如图2.6所示。

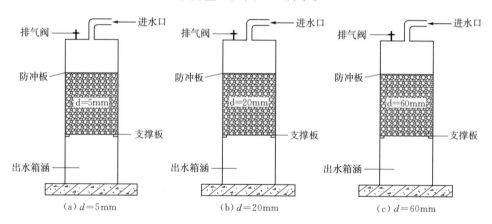

图2.6　不同粒径下的粗粒石渗流特性试验装置

6. 粗粒石厚度对渗流特性影响的试验方案

该试验组取同一粒径粗粒石，分别以30cm、50cm、70cm、90cm对箱体进行填充，顶部设有防冲层。通过调节供水阀门，使封闭试验箱体达到指定水头3m，待出水流量及压力表读数保持稳定不变时，读取直角三角堰测针读数，计算出水流量。同理，得4m、5m、…、10m水头对应的出水流量，如图2.7所示。

7. 试验过程

试验过程分为试验准备阶段、试验阶段和试验结束三个阶段。

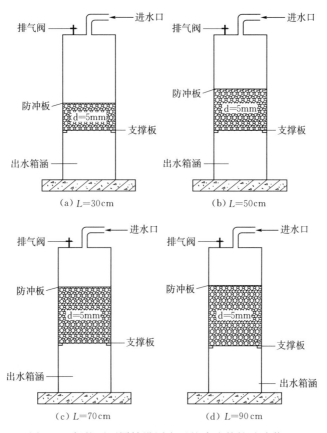

（a）$L=30$cm   （b）$L=50$cm

（c）$L=70$cm   （d）$L=90$cm

图 2.7　粗粒石不同铺设厚度下的渗流特性试验装置

（1）试验准备阶段。试验准备阶段的工作主要是：①对试验用料进行冲洗、风干，防止携带的粉尘或泥沙造成孔隙淤堵，影响试验结果；②填料，填料过程中保证粗粒石的均匀性及平整性；③试验开始之前，要注意检查试验系统是否有漏水现象。

（2）试验阶段。试验阶段过程包括来水流量的调节与控制，直角三角堰读数记录以及箱体内部压力稳定后，承压水头的读取等。试验开始后，缓慢调大流量阀，使来水充满试验箱，保证气体排空，也使粗粒石达到饱和状态。三角堰读数基本稳定后，调节流量阀使压力表达到指定水头，记录三角堰读数。每次填料进行 6～10 个供水水头的试验，每个供水水头下的测试内容基本一致。

（3）结束阶段。试验结束后，打开排气阀，等待系统中水流完全流出后，使用工具开卸试验箱进行卸料工作，每次试验结束后，对粗粒石进行风干，重新填料。

2.3.2　无砂混凝土板渗流试验方案

本渗流试验所用无砂混凝土板板长为 0.6m，宽为 0.5m，厚为 0.2m。试验选用的无砂混凝土板其材料主要由混凝土和水泥加水构成，碎石与水泥配比为 5∶1。由于制作无砂混凝土板过程相同，但振捣频率及时间的不同，故每块无砂混凝土板的容重在 20000~22500N/m³。根据试验条件，再结合工程实际，确定试验压力水头为 2~14m，无砂混凝土板的容重与对应的试验压力水头的见表 2.1。

表 2.1　　　　　　　　　　　　无砂混凝土板渗流试验方案

无砂混凝土板	试验压力水头 /m						
	2	4	6	8	10	12	14
γ_1 (22174.00N/m³)	√	√	√	√	√	√	√
γ_2 (22464.86 N/m³)	√	√	√	√	√	√	√
γ_3 (21158.20N/m³)	√	√	√	√	√	√	√
γ_4 (21029.17N/m³)	√	√	√	√	√	√	√
γ_5 (20130.83N/m³)	√	√	√	√	√		
γ_6 (20065.50 N/m³)	√	√	√	√			

影响无砂混凝土板渗流特性的影响因素主要有：无砂混凝土板渗流时的压力水头，无砂混凝土板的渗流面积，无砂混凝土板的渗流厚度，无砂混凝土板材料的性质如容重、孔隙率等。为了测得无砂混凝土板的渗流效能，以及研究渗流效能的影响因素，现以无砂混凝土板的容重和压力水头为控制条件，在无砂混凝土板的渗流面积和板厚度不变的情况下，确定试验方案。

首先选取 γ_1 ~ γ_6 六块无砂混凝土板，尺寸都是 0.6m×0.5m×0.2m，试验在如图 2.2 所示试验装置上进行，试验系统顶部管路供水，底部集水明渠测量入渗流量，试验中的压力水头设计为 H_1 ~ H_7。详细试验方案见表 2.1。

2.3.3　粗粒石作用下的无砂混凝土板渗流试验方案

试验选用的材料：无砂混凝土板，碎石与水泥配比为 5∶1，由于振捣次数的不同，所以每块无砂混凝土板的容重不一样，本次试验选取两块容重相差较大的无砂混凝土板，分别为 r_7＝20565.5N/m³、r_8＝22464.86N/m³，尺寸都是长为 0.6m，宽为 0.5m，厚为 0.2m；粗粒石粒径有三种，分别为：粒径 $d5$ ~ $d20$mm（小），$d20$ ~ $d50$mm（中），$d50$ ~ $d70$mm（大）。在压力水头作用下，被冲碎的粗粒石会堵塞无砂混凝土板，因此每次做试验前都要对无砂混凝土板和粗粒石要进行处理如清淤、反冲洗。

根据试验内容，为了测得粗粒石的粒径和粗粒石的铺设顺序对无砂混凝土板的透水能力的影响，以及对无砂混凝土板渗流量的影响因素进行程度分析，以无砂混凝土板的工作水头和粗粒石的分布为控制条件，不同容重的无砂混凝土板作为平行对照，确定以下试验方案。

方案Ⅰ：本试验组在容重 r_7 和容重 r_8 的无砂混凝土板上都分别铺设 60cm 的小粒径粗粒石、60cm 的中粒径粗粒石、60cm 的大粒径粗粒石组成的透水层，试验装置如图 2.8 所示。研究目的是探究水流在由单一粒径的粗粒石和无砂混凝土板组成的多孔介质中的渗流特性，以及揭示粗粒石的粒径大小对无砂混凝土板透水能力的影响。

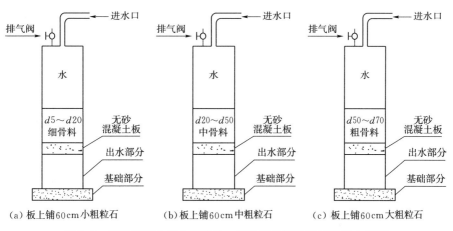

（a）板上铺60cm小粗粒石　　（b）板上铺60cm中粗粒石　　（c）板上铺60cm大粗粒石

图 2.8　无砂混凝土板上铺设单一粗粒石的试验测试装置立面图

方案Ⅱ：本试验组分别在容重为 r_7 和容重 r_8 的无砂混凝土板上分两层铺设由小粗粒石、中粗粒石、大粗粒石两两排列组合而成的透水层，每层各 30cm，总高度 60cm，试验在如图 2.9 所示的试验装置上进行。研究目的是探究水流在

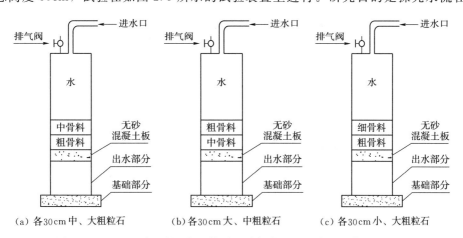

（a）各30cm中、大粗粒石　　（b）各30cm大、中粗粒石　　（c）各30cm小、大粗粒石

图 2.9（一）　无砂混凝土板上铺设两种粗粒石的试验测试装置立面图

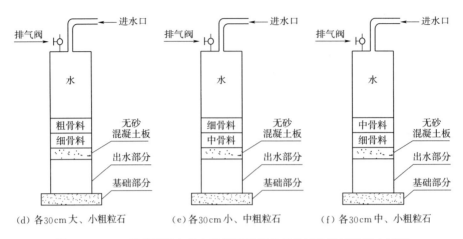

（d）各30cm大、小粗粒石　　（e）各30cm小、中粗粒石　　（f）各30cm中、小粗粒石

图 2.9（二）　无砂混凝土板上铺设两种粗粒石的试验测试装置立面图

由两种粒径的粗粒石和无砂混凝土板组成的多孔介质中的渗流特性，以及综合分析粗粒石的粒径和排列方式对无砂混凝土板透水能力的影响。

方案Ⅲ：本试验组分别在容重为 r_7 和容重 r_8 的无砂混凝土板上分三层铺设由小粗粒石、中粗粒石、大粗粒石排列组合而成的透水层，每层各 20cm，总高度 60cm，试验在如图 2.10 所示的试验装置上进行。研究目的是探究水流在由三种粒径的粗粒石和无砂混凝土板组成的多孔介质中的渗流特性，揭示三种粒径粗粒石的排列方式对无砂混凝土板透水能力的影响。

试验时先通过缓慢调大供水阀门至来水充满试验箱体，使试验箱体里的空气通过排气孔排出，待出水水流稳定且压力表读数保持稳定时，读取测针读数，然后再根据直角三角堰流量公式，计算渗流出水流量。

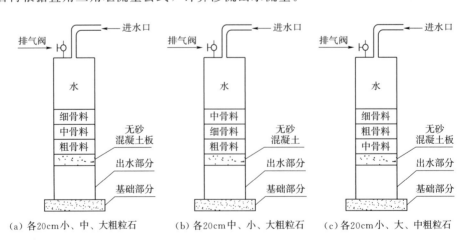

（a）各20cm小、中、大粗粒石　　（b）各20cm中、小、大粗粒石　　（c）各20cm小、大、中粗粒石

图 2.10（一）　无砂混凝土板上铺设三种碎石的试验测试装置立面图

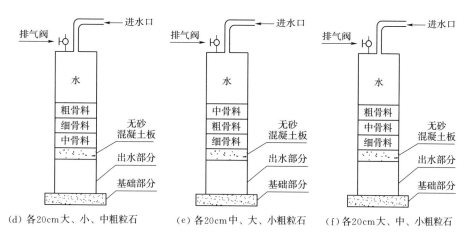

（d）各20cm大、小、中粗粒石　　（e）各20cm中、大、小粗粒石　　（f）各20cm大、中、小粗粒石

图 2.10（二）　无砂混凝土板上铺设三种碎石的试验测试装置立面图

第3章 粗粒石的渗流特性

粗粒石作为一种应用广泛的建筑材料，除了可用于增加混凝土的强度外，粗粒石作为地基垫层、渗渠反滤层中的渗透材料也是工程技术的核心部分。此类工程对粗粒石本身的级配程度、不均匀系数等要求较低，在实际工程中，能够宏观的把握影响粗粒石渗透性能的主导因素是必要的，而且可以提高施工效率，降低施工成本。

3.1　相关分析法的理论基础

相关分析法是研究两个或两个以上变量之间相关程度大小以及用一定函数来表达现象相互关系的方法，主要是分析现象之间是否存在相关关系，以及相关关系的方向、形态和关系的密切程度等。

数量上考虑是否能用函数表达，相关关系间存在以下两类：

函数关系：是指现象之间所存在的严格依存的、确定关系，即一种现象的数量变化可以完全决定另一种现象的数量变化，他们之间的关系值是确定的，是一一对应的，可以用方程式 $y=f(x)$ 表示出来。

相关关系：两个变量间存在着一定的数量关系，但又不像函数关系那样确定，是一种不完全确定的依存关系。变量间的相关关系往往可以通过散点图来表示，即如果变量间的图像不是某种确定的函数关系，则它们之间就是相关关系。根据相关系数的大小，当相关系数达到一定精度往往又可以近似用函数相关式表达。

相关关系是相关分析的研究对象，而函数关系则是相关分析的工具。

3.1.1　现象之间的相关关系的分类

（1）按照相关因素（变量）的多少，可将相关关系分为单相关和复相关。当相关关系只涉及两个因素（即一个自变量和一个因变量）时，称之为单相关。当相关关系涉及三个或三个以上的因素（即两个或两个以上的自变量和一个因变量）时，称之为复相关。

（2）按照相关因素（变量）之间的相关方向，相关关系又可分为正相关和负相关。当两个因素（变量）的变动方向相同时，即自变量 X 的值增加或减少，因变量 Y 的值也就相应的增加或减少时，这样的相关关系就是正相关，反之，若两个因素（变量）变动的方向相反，则称为负相关。

（3）按照相关因素（变量）之间的关系形态不同，相关关系还可以分为线性相关和非线性相关。若因变量 Y 与自变量 X 的相关关系近似地表现为线性组合，则称 Y 和 X 之间的相关关系为线性相关，反之，为非线性相关。

3.1.2 研究相关关系的常用方法

（1）相关表：编制相关表不仅可以直观地显示现象之间的数量相关关系，而且它是计算相关指标的基础。

（2）相关图：是利用直角坐标系第一象限，将横轴作为自变量，纵轴作为因变量，将两变量相对应的变量值用坐标点的形式描绘出来，用以表明相关分布状况的图形。借助相关图可形象地显示现象之间相关性质和密切程度。

（3）相关系数：不仅能反映相关方向，而且能反映测定变量之间的关系密切程度。而测定相关系数是最基本的相关分析，是相关分析方法的基础。最常用的相关系数类型是 Pearson 相关系数，也称为简单线性相关。Pearson 相关要求被测量的变量都至少是间隔型的，它决定了两变量值互成比例的程度，相关程度值（如相关系数）不因测量单位的变化而变化；成比例意味着线性相关，即能用一条直线来描述，这条线称为回归线或最小平方线，因为它是由所有的点到直线的距离的平方和最小而得到的。最小平方和这个概念与相关系数对各种不同数据的排列的对应有着重要的作用。

相关系数计算公式为

$$
\begin{aligned}
r = \frac{\sigma_{xy}^2}{\sigma_x \sigma_y} &= \frac{\sum xy - \frac{1}{n}\sum x \sum y}{\sqrt{\left[\sum x^2 - \frac{1}{n}(\sum x)^2\right] \cdot \left[\sum y^2 - \frac{1}{n}(\sum y)^2\right]}} \\
&= \frac{n\sum xy - \sum x \sum y}{\sqrt{\left[n\sum x^2 - (\sum x)^2\right] \cdot \left[n\sum y^2 - (\sum y)^2\right]}} \\
&= \frac{\sum xy - \overline{xy}}{\sqrt{\left[\sum x^2 - n\overline{x}^2\right] \cdot \left[\sum y^2 - n\overline{Y}^2\right]}} \\
&= \frac{\overline{xy} - \overline{x}\,\overline{Y}}{\sigma_x \sigma_y}
\end{aligned}
\tag{3.1}
$$

根据相关系数可对变量之间的相关性进行定性或定量判断。

1）判断相关方向：

当 $r>0$ 时，x 与 y 正相关；

当 $r<0$ 时，x 与 y 负相关。

2）判断相关程度

当 $|r|=1$ 时，x 与 y 完全相关；

当 $0 < |r| < 0.3$ 时，x 与 y 微弱相关；

当 $0.5 < |r| < 0.8$ 时，x 与 y 显著相关；

当 $0.8 < |r| < 0.1$ 时，x 与 y 高度相关；

当 $|r| = 0$ 时，x 与 y 不相关。

相关系数的特点：参与相关分析的两个变量是对等的，因此相关系数只有一个；相关符号有正负号，反映相关方向；计算相关系数的两个变量都是随机变量。

3.2　回归分析的理论基础

回归分析的研究对象是由多个存在相关关系的现象组成的客观系统，通过对客观事物进行大量试验、观察和调查的基础上，建立回归模型，研究变量间相互关系的密切程度、结构状态、依存关系，以寻找不确定现象背后存在的统计规律。它是对具有相关关系（显著相关以上相关）的两个或两个以上变量之间数量变化的一般关系进行测定，确立一个相应的数学表达式，以便函数从一个已知量推测另一个未知量的分析方法。且能借助函数方程式判断相关性方向，即从一个变量的变化方向推测出另一变量的变化方向。

按照不同的角度，回归分析法可分为以下几类：

(1) 按照回归模型的形式，回归分析可划分为线性回归与非线性回归。以回归模型中涉及的自变量的多少，线性回归又可分为一元回归分析和多元回归分析，是最简单、最常见、最有效的分析方法，如果在回归分析中只包含一个自变量和一个因变量，两者的关系可用一条直线近似表示，则称为一元线性回归分析；如果回归分析中包括两个或两个以上的自变量，且因变量和自变量之间是线性关系，则称为多元线性回归分析。

(2) 按照变量的性质与类型，回归分析可划分为方差分析、协方差分析和Logistic（逻辑斯谛）回归等。其中方差分析的所有自变量均为定性变量；协方差分析中部分自变量为定性变量，另一部分为定量变量；而逻辑斯谛回归中因变量均为定性变量。

回归分析只能确定变量之间的相关方向，却不能确定变量之间的密切程度，它通过一定的数学方程来反映变量之间的相互关系的具体形式，以便从一个已知变量来推断另一个未知变量，为估算预测提供了一个重要的方法；回归分析是研究具有因关系的相互关系的形式，两变量是不对等的，必须区分自变量和因变量，且因变量是随机的，而自变量是给定的量。

回归模型常见的基本形式有：

1) 一元线性回归模型：

$$Y = \beta_0 + \beta_1 X + \varepsilon \tag{3.2}$$

式中：β_1 表示当 X 变化一个单位时，Y 平均变化 β_1 个单位。

2）双对数回归模型：

$$\ln Y = \beta_0 + \beta_1 \ln X + \varepsilon \tag{3.3}$$

式中：β_1 为弹性系数，表示当 X 每增长变化 1% 时，Y 平均变化 β_1 个单位。

3）多元线性回归模型：

$$Y = \beta_0 + \beta_1 X + \cdots + \beta_k X_k + \varepsilon \tag{3.4}$$

式中：β_i 为偏回归系数，表示当其他变量不变而 X_i 变化一个单位时，Y 平均变化 β_i 个单位。

4）以柯布-道格拉斯生产函数为基础的生产函数回归模型：

$$Y = AK^{\alpha}L^{\beta}u \tag{3.5}$$

式中：α 和 β 分别为资本 K 和劳动力 L 对产出 Y 的弹性系数。

相关分析既可以研究因果关系现象，也可以研究共变关系现象，两变量是对等的，因此相关系数只有一个。相关分析不仅能确定变量之间相关方向，还能确定变量之间密切程度，但不能指出两变量间相关的具体形式，也无法从一个变量的变化来推测另一个变量的变化情况。

相关分析与回归分析两者之间的联系：相关分析需要回归分析来表明现象数量关系的具体形式，而回归分析是建立在相关分析基础之上的。

3.3 粗粒石渗流特性的综合分析

3.3.1 渗流形态的判断

进行水流渗流形态的判断是粗粒石渗透特性研究分析与评价的一项重要内容。具体讨论影响流态的因素，则可分为介质的影响因素和流体自身的性质因素，此处总结为介质的非线性和流体的非线性。介质的非线性影响在孔隙介质里通常表现为孔隙半径、喉道半径、孔喉比、孔隙迂回度和孔隙分布密度等影响因素；在裂隙介质中则是裂隙的开启度、粗糙度以及裂隙其他的几何特性等因素。流体的非线性则是因为流体的黏滞性和密度，两者综合决定了非线性流态发生的情况。

对于非层流渗流，可以用如下形式的公式来表达其流动规律：

$$v = k\left(\frac{H - H_1}{L}\right)^{\frac{1}{m}} = kJ^{\frac{1}{m}} \tag{3.6}$$

式中：m 为渗流系数。当 $m=1$ 时，为层流渗流；当 $m=2$ 时为完全紊流渗流；

当 $1<m<2$ 时，为层流到紊流的过渡区。

对于本研究的粗粒的渗透特性试验，渗流断面面积 $A=0.3\mathrm{m}^2$，渗流出口压力 $H_1=0$，则式（3.6）可作进一步改进：

$$Av = Ak\left(\frac{H}{L}\right)^{\frac{1}{m}} = Ak\left(\frac{1}{L}\right)^{\frac{1}{m}} \cdot H^{\frac{1}{m}} \tag{3.7}$$

令
$$a_0 = Ak\left(\frac{1}{L}\right)^{\frac{1}{m}}, \quad b_0 = \frac{1}{m} \tag{3.8}$$

则
$$Q = a_0 H^{b_0} \tag{3.9}$$

式（3.9）中的 a_0 为系数，当 $b_0=0.5$ 时为完全紊流渗流，当 $b_0=1$ 时为层流渗流，当 $0.5<b_0<1$ 时为层流到紊流的过渡区。

通过给定不同试验条件，分别以若干水头进行入渗试验，通过相关分析，对所得渗流量和承压水头进行幂函数拟合，拟合公式及流态判别见表3.1。

表 3.1　　　　　　不同粗粒石铺设厚度下的拟合公式及流态判别

粗粒石粒径 d/mm	铺设厚度 $/\mathrm{cm}$	拟合关系式	相关系数 R^2	b 取值	流态判别
5	30	$Q=0.1300H^{0.7790}$	0.9738	0.8	过渡流
5	50	$Q=0.1265H^{0.6184}$	0.9361	0.6	过渡流
5	70	$Q=0.0868H^{0.6903}$	0.9885	0.7	过渡流
5	90	$Q=0.0564H^{0.7317}$	0.9782	0.7	过渡流
20	30	$Q=2.2073H^{0.4911}$	0.9374	0.5	紊流
20	50	$Q=1.9038H^{0.5067}$	0.8995	0.5	紊流
20	70	$Q=1.8687H^{0.4813}$	0.9018	0.5	紊流
20	90	$Q=1.6725H^{0.4977}$	0.9931	0.5	紊流
60	30	$Q=13.649H^{0.5244}$	0.8978	0.5	紊流
60	50	$Q=12.768H^{0.5360}$	0.9011	0.5	紊流
60	70	$Q=9.6363H^{0.5003}$	0.8995	0.5	紊流
60	90	$Q=7.2978H^{0.5012}$	0.9268	0.5	紊流

通过表3.1和表3.2可以看出，在上述各类试验条件下，水流在粗粒石内部流态均为非层流渗流，主要原因在于粗粒石粒径大，孔隙半径大而导致的；对于 $d=5\mathrm{mm}$ 的粗粒石来说，由于粒径相对较小，稳定入渗时趋于层流到紊流的过渡区，铺设厚度的增加，对流态影响不大，若选定某一厚度重复振捣加料形成不同容重，则容重的增加对粗粒石渗流流态影响较大，流态从完全紊流逐渐趋于过渡流，可以推测，若夯实振捣到一定程度，粗粒石渗流流态将趋于层流；受试验条

件的限制，对 $d=20\text{mm}$ 和 $d=60\text{mm}$ 的粗粒石不能形成明显的容重对比值，只针对其铺设厚度进行了试验，由于其粒径太大，孔隙率高，渗流流态为完全紊流，不难想到，随着容重增大到某一值或夯实振捣到一定程度，流态也会趋于层流。

表 3.2 不同粗粒石容重下的拟合公式及流态判别

粗粒石粒径 d/mm	粗粒石容重 $/(\text{g/cm}^3)$	拟合关系式	相关系数 R^2	b 取值	流态判别
5	18.62	$Q=0.2654H^{0.5339}$	0.9964	0.5	紊流
5	21.23	$Q=0.0855H^{0.6763}$	0.9272	0.7	过渡流
5	23.19	$Q=0.0324H^{0.8384}$	0.9292	0.8	过渡流
5	24.50	$Q=0.0211H^{0.7915}$	0.9743	0.8	过渡流
5	25.15	$Q=0.0145H^{0.8470}$	0.8811	0.8	过渡流

3.3.2 非线性流渗透规律研究

通过上节的试验结果及理论分析可知，本书各工况试验条件下，渗流流态均为非线性流。对于非线性流渗透系数的研究，采用 Forehheimer（1901）提出的非线性渗透定律：

$$J = av + bv^2 \tag{3.10}$$

其中，对于层流系数 a 和紊流系数 b 有

$$\left.\begin{aligned} k_0 &= \frac{mr_0^2}{\beta_0^2}\cdot\frac{g}{v}=\frac{1}{a}\\ k_m &= C_0 m\sqrt{r_0}=\frac{1}{\sqrt{b}} \end{aligned}\right\} \tag{3.11}$$

式中：r_0 为孔隙管道的水力半径；β_0 为孔隙管道的断面形状系数；C_0 为紊流区的谢才流速系数。

选取粗粒石渗透路径（铺设厚度）$L=70\text{cm}$，分别对三种粗粒石的层流系数 a 和紊流系数 b 进行计算，采用最小二乘法解矛盾方程组。

将 $J=av+bv^2$ 转换为矩阵形式：

$$\begin{pmatrix} v & v^2 \end{pmatrix}\begin{pmatrix} a \\ b \end{pmatrix}=(J)$$

即

$$\begin{pmatrix} 1 & v \end{pmatrix}\begin{pmatrix} a \\ b \end{pmatrix}=\left(\frac{J}{v}\right)$$

代入试验数据，则对 $d=5\text{mm}$ 来说：

$$
\begin{pmatrix}
1 & 0.0064 \\
1 & 0.0073 \\
1 & 0.0081 \\
1 & 0.0105 \\
1 & 0.0103 \\
1 & 0.0128 \\
1 & 0.0132 \\
1 & 0.0135
\end{pmatrix}
\begin{pmatrix} a \\ b \end{pmatrix} =
\begin{pmatrix}
73.6 \\
83.8 \\
92.7 \\
85.4 \\
91.8 \\
92.7 \\
100.4 \\
108.5
\end{pmatrix}
\tag{3.12}
$$

$$
\begin{pmatrix}
1 & 1 & 1 & 1 & 1 & 1 & 1 & 1 \\
0.0064 & 0.0073 & 0.0081 & 0.0105 & 0.0113 & 0.0128 & 0.0132 & 0.0135
\end{pmatrix}
\begin{pmatrix}
1 & 0.0064 \\
1 & 0.0073 \\
1 & 0.0081 \\
1 & 0.0105 \\
1 & 0.0103 \\
1 & 0.0128 \\
1 & 0.0132 \\
1 & 0.0135
\end{pmatrix}
\begin{pmatrix} a \\ b \end{pmatrix}
$$

$$
= \begin{pmatrix}
1 & 1 & 1 & 1 & 1 & 1 & 1 & 1 \\
0.0064 & 0.0073 & 0.0081 & 0.0105 & 0.0113 & 0.0128 & 0.0132 & 0.0135
\end{pmatrix}
\begin{pmatrix}
73.6 \\
83.8 \\
92.7 \\
85.4 \\
91.8 \\
92.7 \\
100.4 \\
108.5
\end{pmatrix}
$$

经计算得
$$
\begin{pmatrix}
8 & 0.0831 \\
0.0831 & 0.00075827
\end{pmatrix}
\begin{pmatrix} a \\ b \end{pmatrix} =
\begin{pmatrix} 728.9 \\ 7.744 \end{pmatrix}
\tag{3.13}
$$

解方程组（3.12）得　$a=73.14\text{s/m}$　$b=1730.23\text{s}^2/\text{m}^2$

则层流渗透系数 $k_0=\dfrac{1}{a}=0.0137\text{m/s}$，紊流系数渗透 $k_m=\dfrac{1}{\sqrt{b}}=0.0240\text{m}^2/\text{s}$

所以对于 $d=5\text{mm}$ 的粗粒石来说，渗透规律如下：

$$
J = 73.14v + 1730.23v^2
\tag{3.14}
$$

对 $d=20\text{mm}$ 来说：

$$\begin{bmatrix} 1 & 0.1053 \\ 1 & 0.1237 \\ 1 & 0.1327 \\ 1 & 0.1467 \\ 1 & 0.16 \\ 1 & 0.1707 \\ 1 & 0.1780 \\ 1 & 0.1893 \end{bmatrix} \begin{bmatrix} a \\ b \end{bmatrix} = \begin{bmatrix} 4.4 \\ 4.9 \\ 5.7 \\ 6.1 \\ 6.5 \\ 6.9 \\ 7.4 \\ 7.8 \end{bmatrix} \tag{3.15}$$

$$\begin{bmatrix} 1 & 1 & 1 & 1 & 1 & 1 & 1 & 1 \\ 0.1053 & 0.1237 & 0.1327 & 0.1467 & 0.16 & 0.1707 & 0.1780 & 0.1893 \end{bmatrix} \begin{bmatrix} 1 & 0.1053 \\ 1 & 0.1237 \\ 1 & 0.1327 \\ 1 & 0.1467 \\ 1 & 0.16 \\ 1 & 0.1707 \\ 1 & 0.1780 \\ 1 & 0.1893 \end{bmatrix} \begin{bmatrix} a \\ b \end{bmatrix}$$

$$= \begin{bmatrix} 1 & 1 & 1 & 1 & 1 & 1 & 1 & 1 \\ 0.1053 & 0.1237 & 0.1327 & 0.1467 & 0.16 & 0.1707 & 0.1780 & 0.1893 \end{bmatrix} \begin{bmatrix} 4.4 \\ 4.9 \\ 5.7 \\ 6.1 \\ 6.5 \\ 6.9 \\ 7.4 \\ 7.8 \end{bmatrix}$$

经计算得
$$\begin{bmatrix} 8 & 1.2063 \\ 1.2063 & 0.1878 \end{bmatrix} \begin{bmatrix} a \\ b \end{bmatrix} = \begin{bmatrix} 49.8 \\ 7.7486 \end{bmatrix} \tag{3.16}$$

解方程组（3.15）得 $a = 0.1010 \text{s/m}$ $b = 40.61 \text{s}^2/\text{m}^2$

则层流渗透系数 $k_0 = \dfrac{1}{a} = 9.901 \text{m/s}$，紊流系数渗透 $k_m = \dfrac{1}{\sqrt{b}} = 0.1569 \text{m/s}$

所以对于 $d = 20\text{mm}$ 的粗粒石来说，渗透规律如下：

$$J = 0.1010v + 40.61v^2 \tag{3.17}$$

对 $d = 60\text{mm}$ 来说：

$$
\begin{pmatrix}
1 & 0.2817 \\
1 & 0.2923 \\
1 & 0.2987 \\
1 & 0.3057 \\
1 & 0.3140 \\
1 & 0.3317 \\
1 & 0.3427 \\
1 & 0.3530
\end{pmatrix}
\begin{pmatrix} a \\ b \end{pmatrix}
=
\begin{pmatrix}
1.7 \\
2.1 \\
2.5 \\
2.9 \\
3.3 \\
3.6 \\
3.9 \\
4.2
\end{pmatrix}
\tag{3.18}
$$

$$
\begin{pmatrix}
1 & 1 & 1 & 1 & 1 & 1 & 1 & 1 \\
0.2817 & 0.2923 & 0.2987 & 0.3057 & 0.3140 & 0.3317 & 0.3427 & 0.3530
\end{pmatrix}
\begin{pmatrix}
1 & 0.2817 \\
1 & 0.2923 \\
1 & 0.2987 \\
1 & 0.3057 \\
1 & 0.3140 \\
1 & 0.3317 \\
1 & 0.3427 \\
1 & 0.3530
\end{pmatrix}
\begin{pmatrix} a \\ b \end{pmatrix}
$$

$$
=
\begin{pmatrix}
1 & 1 & 1 & 1 & 1 & 1 & 1 & 1 \\
0.2817 & 0.2923 & 0.2987 & 0.3057 & 0.3140 & 0.3317 & 0.3427 & 0.3530
\end{pmatrix}
\begin{pmatrix}
1.7 \\
2.1 \\
2.5 \\
2.9 \\
3.3 \\
3.6 \\
3.9 \\
4.2
\end{pmatrix}
$$

经计算得
$$
\begin{pmatrix}
8 & 2.5197 \\
2.5197 & 0.7981
\end{pmatrix}
\begin{pmatrix} a \\ b \end{pmatrix}
=
\begin{pmatrix}
24.20 \\
7.78
\end{pmatrix}
\tag{3.19}
$$

解方程组（3.18）得　$a = -8.4284 \text{s/m}$　$b = 36.36 \text{s}^2/\text{m}^2$

所求 a 值为负值，说明层流系数不存在，对于 $d = 60\text{mm}$ 的粗粒石来说，渗流流态完全为紊流，紊流渗透系数 $k_\text{m} = \dfrac{1}{\sqrt{b}} = 0.1658\text{m/s}$，其渗透规律为

$$
J = 36.3 v^2 \tag{3.20}
$$

以上三种粗粒石的渗透系数均是在相同试验工况下求得的平均渗透系数。

3.3.3　承压水头与渗流量的关系

以 $d = 5\text{mm}$ 和 $d = 20\text{mm}$ 的粗粒石为例，分析在铺设厚度 $L = 50\text{cm}$ 和 $L = 70\text{cm}$ 时，不同承压水头条件下渗流量变化情况，结果如图 3.1 所示。

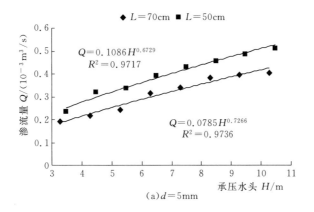

(a) $d=5$ mm

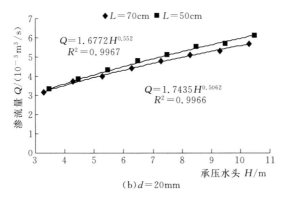

(b) $d=20$ mm

图 3.1　渗流量与承压水头的关系

从图 3.1 可以看出：

（1）对于同一粒径的粗粒石而言，在铺设厚度相同的情况下，渗流量随着承压水头的增大而增大。其原因主要是由于承压水头增大，水力梯度就会增大，从而导致单位面积的出水流量增大。

（2）在承压水头以及铺设厚度一定的条件下，粒径越大，渗流量就越多；若承压水头和粗粒石粒径一定，铺设厚度越厚，渗流量就越小。

（3）根据渗流量与承压水头的拟合关系可以看出，渗流量与承压水头呈幂函数关系，且幂指数分布在区间（0.5，1）之间，由水力学理论，可以判断出水流在 $d=5$ mm 的粗粒石中渗流时属于层流向紊流过渡，在 $d=20$ mm 时，基本呈紊流状态。

（4）通过理论分析可知，对于不同工况下的拟合关系 $Q=a_0 H^{b_0}$，a_0 为与渗透性相关的系数，b_0 为渗透指数。对于同一粒径的粗粒石，铺设厚度越厚，渗透系数越小，渗透指数越大；对于同一铺设厚度的粗粒石，粒径越大，渗透系数越大，渗透指数越小。

3.3.4　粗粒石粒径与渗流量的关系

厚度 $L=30$cm 和 $L=70$cm，承压水头 $H=5.28$m 和 $H=8.28$m 时不同粒径粗粒石渗流量变化如图 3.2 所示。

从图 3.2 可以看出，粗粒石粒径是影响渗流量的重要因素，若粗粒石的铺设厚度一定，随着粒径的增大，粗粒石铺设的厚径比 L/d 会变小，由总表面积 $S=f \cdot \dfrac{1}{1-n} \cdot \dfrac{L}{d}$ 分析可知，厚径比减小会导致总的表面积减小，也使水流过流时克服黏性阻力及摩擦力减小，所以在给定试验水头时，单位时间内的水流渗流量会明显增加；同理，若粗粒石粒径一定，铺设厚度的增加则会导致 L/d 增加，从而使总表面积增加，克服黏性阻力及摩擦力增加，导致单位时间内的水流渗流量减少，但是，与粒径变化引起的渗流量变化相比较，厚度变化对渗流量的影响不太明显；而且，无论 L/d 如何变化，随着承压水头的增加，渗流量都会增加。

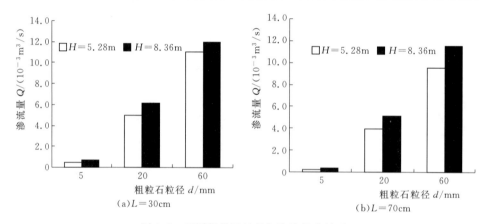

图 3.2　不同粗粒石粒径与渗流量的关系

3.3.5　粗粒石厚度与渗流量的关系

以 $d=5$mm 和 $d=20$mm 的粗粒石为例，分析在承压水头 $H=5.28$m 和 $H=7.48$m 时，不同粗粒石铺设厚度条件下渗流量变化情况，结果如图 3.3 所示。

从图 3.3 可以看出，对于同一粒径的粗粒石而言，在承压水头相同的情况下，渗流量随着粗粒石铺设厚度的增大而减少，且两者呈明显的负线性关系，其原因主要是由于铺设厚度的增加，水力梯度就会降低，从而导致单位面积的出水流量减小；若铺设厚度一定，粒径的变化会导致单位时间渗流量呈数量级增长；对于拟合出的线性关系来说，在粗粒石粒径和铺设厚度一定的情况下，承压水头的增长只会引起渗流量截距的变化，而斜率基本不变。

对各工况下拟合的线性关系进行分析，若直线与 X 轴相交或无限接近，即渗流量 Q 近乎为零，此时所得铺设厚度即为临界渗透厚度 L'，通过计算，以承压水头 $H=5.28$m 为例，可得对于 $d=5$mm 的粗粒石，临界铺设厚度 $L'=$

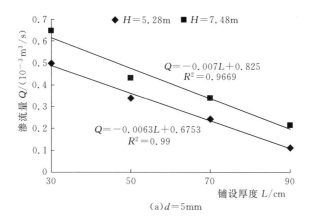

（a）$d=5mm$

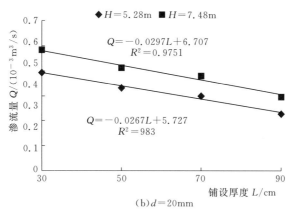

（b）$d=20mm$

图 3.3　不同铺设厚度与渗流量的关系

1.07m；对于 $d=20mm$ 的粗粒石，临界铺设厚度 $L'=2.14m$。

　　同理，对于 $d=5mm$ 和 $d=20mm$ 的两种粗粒石，不同承压水头 H 与其临界渗透厚度 L' 的关系曲线如图 3.4 所示。

　　图 3.4 为粗粒石的临界渗透厚度与承压水头的关系曲线以及关系式，在实际工程中对 $d=5mm$ 和 $d=20mm$ 粗粒石临界渗透厚度作出定量的判断有着重要的意义。

3.3.6　粗粒石容重与渗流量的关系

　　以 $d=5mm$ 粗粒石为例，通过不同程度的振捣压实，分析在 $H=4.48m$ 和 $H=8.48m$ 时不同容重粗粒石渗流量变化规律，如图 3.5 所示。

　　从图 3.5 可以看出，在承压水头相同的情况下，渗流量随着粗粒石容重的增大而减少，且呈负的线性拟合关系。其原因主要是由于容重增大是依靠振捣来实现的，在振捣过程中，粗粒石的孔隙结构发生变化，孔隙率降低，有效过水面积减少，从而导致单位面积的出水流量减小；在本试验中，粗粒石容重的增加，便

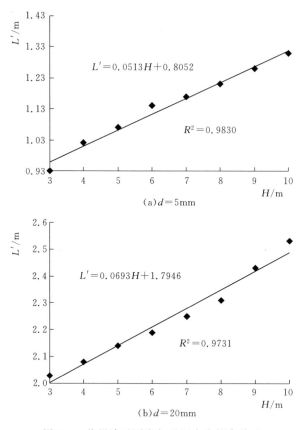

图 3.4 临界渗透厚度与承压水头拟合关系

意味着孔隙率逐渐减小，从图中还可以看出，随着孔隙率的减小，在不同承压水头作用下的粗粒石，单位时间渗流量的变化逐渐趋于减小，这说明当粗粒石容重达到一定程度时，对渗流量的影响完全大于承压水头，这也解释了土石坝通过振捣、压实来提高土石体容重，进而保证在汛期、枯水期水位发生明显升降时都能满足防洪蓄水要求的施工工序。

对各工况下拟合的线性关系进行分析，若直线与 X 轴相交或无限接近，即渗流量 Q 近乎为零，此时所得铺设容重即为临界容重，通过计算可得，对于 $d=5mm$ 的粗粒石来说，若承压水头 $H=5.48m$，则临界容重为 $25.16g/cm^3$；若承压水头 $H=8.48m$，则临界容重 $25.88g/cm^3$。

同理，对于 $d=5mm$ 的粗粒石，不同承压水头 H 与其临界渗透容重 γ' 的关系曲线如图 3.6 所示。

图 3.6 为粗粒石的临界容重与承压水头的关系曲线以及关系式，在实际工程中对 $d=5mm$ 粗粒石临界渗透容重作出定量的判断有着重要的意义。

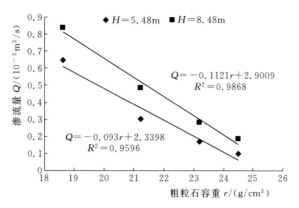

图 3.5 不同粗粒石容重与渗流量关系

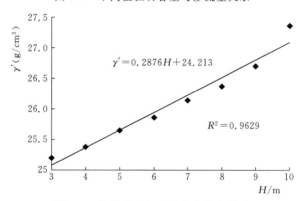

图 3.6 临界容重与承压水头拟合关系

3.3.7 粗粒石的压实性对渗流特性影响分析

表 3.3 不同粗粒石粒径下的孔隙率

d/mm	V/mL	V_1/mL	V_2/mL	V_3/mL	n/%
5	1600	1680	920	760	17.5
20	1700	1790	568	1222	51.9
60	1800	1900	119	1681	73.4

表 3.4 不同粗粒石粒径下的粗粒石密度

项 目	粗 粒 石 粒 径		
	$d=5mm$	$d=20mm$	$d=60mm$
最小干密度 ρ_{dmin} /(g/cm³)	2.567	2.847	3.127
人工夯实干密度 ρ_{d0} /(g/cm³)	3.056	3.094	3.257
最大干密度 ρ_{dmax} /(g/cm³)	3.377	3.235	3.399
相对密度 D_r/%	66.8	66.6	49.9

表 3.5　不同粒径粗粒石在承压水头 $H=7.38$m 时的不同填筑方式渗流量比较

粒径 d/mm	填筑方式	密度 /(g/cm³)	渗流量 Q/(10^{-3}m³/s)	松填与人工夯实渗流量之比
5	松填	2.567	0.647	2.34
	人工夯实	3.056	0.277	
20	松填	2.847	5.134	1.47
	人工夯实	3.094	3.498	
60	松填	3.127	10.332	1.02
	人工夯实	3.257	10.169	

表 3.3～表 3.5 所示试验结果分析表明：

（1）单一粒径的粗粒石最大干密度一般为最小干密度的 1.09～1.31 倍，也就是说单一粒径的粗粒石压实后，体积将缩小 9%～31%，试验箱断面面积为 50cm×60cm，箱壁钢板焊制，不会产生侧向变形，垂向的变形下沉可达 4～12cm，如果考虑到实际工程，粗粒石在铺设过程中产生侧向变形，则实际沉降量会比这个数值还大，未夯实的粗粒石变形将会对上部建筑物产生严重影响。这说明，在工程运用中，如果上部有建筑物时，粗粒石必须进行压实，否则，粗粒石受其上部荷载影响，体积缩小将引起上部构造的变形破坏。例如，路面结构层下的粗粒石盲沟，若不进行压实，将会造成后期路面的沉陷、开裂等破坏；建筑物基础粗粒石垫层，若不进行压实，将会造成地基沉陷引起房屋倒塌，危机群众的生命安全。

（2）单一粗粒石人工锤击夯实的相对密度一般为 50%～70%，这说明，人工填筑锤击夯实可达到粗粒石极限压实度的 50%～70%。另外，粗粒石在高压水头的作用下，颗粒之间产生了重新排列分布，使得孔隙更加密实，由于粗粒石的密实度主要取决于颗粒大小、形状以及不均匀系数，所以若给予太大的力进行夯实，孔隙率减小的原因实质上是颗粒局部破碎，改变了粗粒石形状。

（3）粗粒石单位时间的渗流量与粗粒石的粒径成正比。粗粒石粒径越大，单位时间渗流量越大；反之，渗流量越小。

（4）随着粗粒石的粒径越来越大，粗粒石在松填和人工夯实条件下，单位时间的渗流量的变化越来越小。因此，对于小粒径 $d=5$～20mm 的粗粒石来说，人工或机械夯实对其渗流特性有明显的影响，而对于 $d \geqslant 60$mm 的粗粒石来说，人工或机械夯实对其渗流特性不会有明显的影响。

3.4　量纲分析建立粗粒石渗流量方程

通过上述试验与理论分析，水流经粗粒石入渗的渗流量与承压水头 H、水的密度 ρ、重力加速度 g、粗粒石铺设厚度 L、粗粒石颗粒粒径 d、粗粒石容重 γ

以及水的黏度 η 等因素有关。

先通过量纲分析，用 π 定理来确定粗粒石的渗流量方程。

由量纲分析写出如下一般函数关系式：

$$Q = f(H, \rho, g, L, d, \gamma, \eta) \tag{3.21}$$

上式共有 8 个物理量，其中自变量数为 7（$k = 7$）。现选择 H、g、ρ 三个物理量作为基本物理量，则式（3.21）可以用 5 个物理量纲数组成关系式来表达。这些物理量纲数（π）为

$$\pi = \frac{Q}{H^x \rho^y g^z} \tag{3.22}$$

$$\pi_4 = \frac{L}{H^{x_4} \rho^{y_4} g^{z_4}} \tag{3.23}$$

$$\pi_5 = \frac{d}{H^{x_5} \rho^{y_5} g^{z_5}} \tag{3.24}$$

$$\pi_6 = \frac{\gamma}{H^{x_6} \rho^{y_6} g^{z_6}} \tag{3.25}$$

$$\pi_7 = \frac{\eta}{H^{x_7} \rho^{y_7} g^{z_7}} \tag{3.26}$$

由于选择 H、g、ρ 作为基本物理量，由基本物理量所组成的无量纲数均等于 1，即

$$\pi_1 = \pi_2 = \pi_3 = 1 \tag{3.27}$$

因为 π、π_4、π_5、π_6、π_7 均为无量纲数，式（3.22）～式（3.26）的右端，分子分母的量纲应当相同。由式（3.22）可得

$$\mathrm{dim} Q = \mathrm{dim}(H^x \rho^y g^z)$$

将上式各物理量的量纲用 L、T、M 来表示，则有

$$[L^3 T^{-1}] = [L]^x [ML^{-3}]^y [LT^{-2}]^z$$

对 L 来说 $3 = x - 3y + z$；对 T 来说 $-1 = -2z$；对 M 来说 $0 = y$

解得：$x = 5/2$；$y = 0$；$z = 1/2$ 代入式（3.22），可得

$$\pi = \frac{Q}{H^{5/2} g^{1/2}} \tag{3.28}$$

由式（3.22）可得

$$\mathrm{dim} L = \mathrm{dim}(H^{x_4} \rho^{y_4} g^{z_4})$$

将上式各物理量的量纲用 L、T、M 来表示，则有

$$[L] = [L]^{x_4} [ML^{-3}]^{y_4} [LT^{-2}]^{z_4}$$

对 L 来说 $1 = x_4 - 3y_4 + z_4$；对 T 来说 $0 = -2z_4$；对 M 来说 $y_4 = 0$

解得：$x_4 = 1$；$y_4 = 0$；$z_4 = 0$ 代入式（3.23），可得

$$\pi_4 = \frac{L}{H} \tag{3.29}$$

由式（3.23）可得

$$\mathrm{dim}d = \mathrm{dim}(H^{x_5}\rho^{y_5}g^{z_5})$$

将上式各物理量的量纲用 L、T、M 来表示，则有

$$[d] = [L]^{x_5}[ML^{-3}]^{y_5}[LT^{-2}]^{z_5}$$

对 L 来说 $1 = x_5 - 3y_5 + z_5$；对 T 来说 $0 = -2z_5$；对 M 来说 $y_5 = 0$

解得：$x_5 = 1$；$y_5 = 0$；$z_5 = 0$ 代入式（3.24），可得

$$\pi_5 = \frac{d}{H} \tag{3.30}$$

由式（3.25）可得

$$\mathrm{dim}\gamma = \mathrm{dim}(H^{x_6}\rho^{y_6}g^{z_6})$$

将上式各物理量的量纲用 L、T、M 来表示，则有

$$[ML^{-3}] = [L]^{x_6}[ML^{-3}]^{y_6}[LT^{-2}]^{z_6}$$

对 L 来说 $-3 = x_6 - 3y_6 + z_6$；对 T 来说 $0 = -2z_6$；对 M 来说 $1 = y_6$

解得：$x_6 = 0$；$y_6 = 1$；$z_6 = 0$ 代入式（3.25），可得

$$\pi_6 = \frac{\gamma}{\rho} \tag{3.31}$$

由式（3.26）可得

$$\mathrm{dim}\eta = \mathrm{dim}(H^{x_7}\rho^{y_7}g^{z_7})$$

将上式各物理量的量纲用 L、T、M 来表示，则有

$$[ML^{-1}T^{-1}] = [L]^{x_7}[ML^{-3}]^{y_7}[LT^{-2}]^{z_7}$$

对 L 来说 $-1 = x_7 - 3y_7 + z_7$；对 T 来说 $-1 = -2z_7$；对 M 来说 $1 = y_7$

解得：$x_7 = 3/2$；$y_7 = 1$；$z_7 = 1/2$ 代入式（3.26），可得

$$\pi_7 = \frac{\eta}{H^{3/2}\rho g^{1/2}} = \frac{v}{H^{3/2}g^{1/2}} \tag{3.32}$$

根据 π 定理，可用 π、π_1、π_2、π_3、π_4、π_5、π_6、π_7 组成渗流量的无量纲数关系式：

$$\pi = f(1, 1, 1, \pi_4, \pi_5, \pi_6, \pi_7) \tag{3.33}$$

将式（3.28）～式（3.32）代入式（3.33）

即

$$\frac{Q}{H^{5/2}g^{1/2}} = f\left(\frac{L}{H}, \frac{d}{H}, \frac{\gamma}{\rho}, \frac{v}{H^{3/2}g^{1/2}}\right)$$

整理得

$$Q = f\left(\frac{L}{H}, \frac{d}{H}, \frac{\gamma}{\rho}, \frac{v}{H^{3/2}g^{1/2}}\right)H^{5/2}g^{1/2} \tag{3.34}$$

令

$$\varphi = f\left(\frac{L}{H}, \frac{d}{H}, \frac{\gamma}{\rho}, \frac{v}{H^{3/2}g^{1/2}}\right) \tag{3.35}$$

则

$$Q = \varphi H^{5/2}g^{1/2} \tag{3.36}$$

式（3.36）即为通过量纲分析得出的渗流量方程，φ 称为渗流系数，从式

（3.35）可以看出 φ 的大小与承压水头 H、粗粒石铺设厚度 L、粗粒石颗粒粒径 d、粗粒石容重 γ 等因素有关，可通过试验得到。该渗流量方程也包含了影响粗粒石渗流的所有因素（粗粒石厚度、粒径、容重、承压水头等）。因此该渗流量方程可以用来定量的分析渗流量与粗粒石厚度、粒径、容重以及承压水头等各影响因素之间的关系，为工程应用提供技术参数。通过试验得出渗流系数 φ 与承压水头之间的关系曲线如图 3.7 所示。

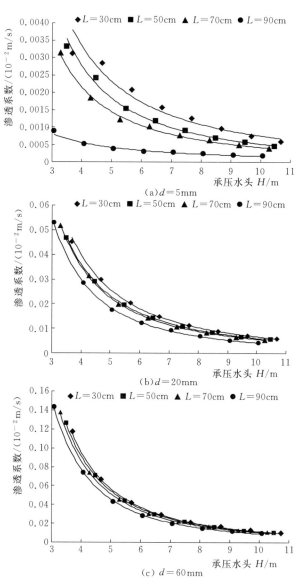

图 3.7（一） 渗透系数随承压水头的变化关系

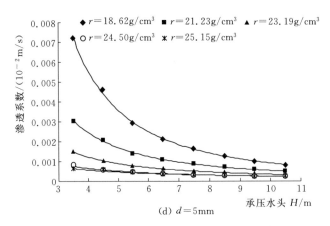

(d) $d=5$mm

图 3.7（二） 渗透系数随承压水头的变化关系

从图 3.7 可以看出，φ 值的大小和承压水头、粗粒石的铺设厚度、粗粒石粒径以及粗粒石容重密切相关，承压水头越大，φ 值就越小；粗粒石的粒径越大，φ 值就越大；粗粒石的铺设厚度越大，φ 值就越大，容重越大，φ 值就越小。其结果与上述渗流量变化情况一致，因此，粗粒石渗透系数的大小也间接地反映了粗粒石渗流量的大小，φ 值越大，粗粒石的渗流量就越大。在实际工程中，可以根据承压水头、粗粒石的铺设厚度、粗粒石粒径以及粗粒石容重来选择不同的 φ 值曲线，找出相应的 φ 值，求出相应的粗粒石渗流量。也可以根据 φ 值与承压水头 H 之间的拟合关系式，求出相应的 φ 值，计算出相应的粗粒石渗流量。

根据图 3.7 的曲线特点，由试验数据拟合 φ 值与承压水头 H 之间的关系式见表 3.6。

表 3.6　　　　　　　　　　φ 值与承压水头 H 之间的拟合关系式

粗粒石粒径 d/mm	铺设厚度 /cm	拟合关系式	相关系数 R^2
5	30	$\varphi=0.0318H^{-1.6281}$	0.9628
5	50	$\varphi=0.0347H^{-1.8271}$	0.9961
5	70	$\varphi=0.0251H^{-1.7734}$	0.9955
5	90	$\varphi=0.0033H^{-1.2927}$	0.9782
20	30	$\varphi=0.5929H^{-1.9475}$	0.9992
20	50	$\varphi=0.5358H^{-1.948}$	0.9997
20	70	$\varphi=0.5564H^{-1.9933}$	0.9998
20	90	$\varphi=0.5665H^{-2.1243}$	0.9996

粗粒石粒径 d/mm	铺设厚度 /cm	拟合关系式	相关系数 R^2
60	30	$\varphi = 2.3468H^{-2.3107}$	0.9978
60	50	$\varphi = 2.192H^{-2.2952}$	0.9998
60	70	$\varphi = 2.0955H^{-2.3043}$	0.9995
60	90	$\varphi = 1.9522H^{-2.3329}$	0.9998

粗粒石粒径 d/mm	粗粒石容重 /(g/cm⁴)	拟合关系式	相关系数 R^2
5	18.62	$\varphi = 0.0848H^{-1.9661}$	0.9992
5	21.23	$\varphi = 0.0242H^{-1.653}$	0.9972
5	23.19	$\varphi = 0.0084H^{-1.3887}$	0.9948
5	24.50	$\varphi = 0.026H^{-1.0273}$	0.9863
5	25.15	$\varphi = 0.003H^{-1.0900}$	0.9811

为了验证其拟合关系式的正确性，选取超出拟合关系范围外的承压水头来进行验证。选取厚度 $d=5$mm 和 $d=20$mm 的粗粒石在承压水头 $H=14$m 时进行验证，结果如图 3.8 所示。从图中可以看出，粗粒石的渗流量计算值与实测值比较吻合，最大相对误差不超过 12%，表明拟合公式是正确的，可用于实际工程中。

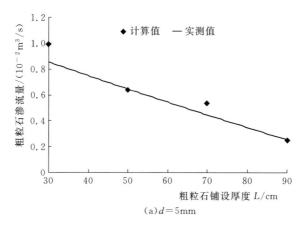

(a) $d=5$mm

图 3.8（一） $H=14$m 时粗粒石渗流量的实测值与计算值比较

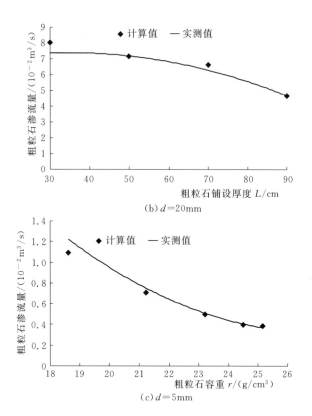

（b）$d=20\text{mm}$

（c）$d=5\text{mm}$

图 3.8（二）　$H=14\text{m}$ 时粗粒石渗流量的实测值与计算值比较

3.5　粗粒石渗流量影响因素程度分析

3.5.1　分析原理

在处理多因素对单目标影响程度的实际问题时，往往因为各因素量纲不和谐而使它们之间不具有可比性，而采用比较标准回归系数来判断多元回归中因素的敏感性，可消除自变量所取单位的影响。基于数理统计的原理，标准回归系数法是判断多因素影响程度大小的一种简便、直观方法。

在处理多元回归的实际问题时，标准回归系数法是多元回归分析中回归系数显著性检验的一种方法，其理论基础如下：

对于随机变量 Y 来说，受到 m 个自变量 X_1、X_2、$\cdots$、X_m 的共同影响，试验样本容量为 n。若 X_{ik} 表示自变量 X_i 在第 k 次试验时的取值，Y_k 表示随机变量 Y 在第 k 次试验的结果，则

$$令\quad\begin{cases} L_{ij} = \sum_{k=1}^{n}(X_{ik}-\overline{X}_i)(X_{jk}-\overline{X}_j) \\[2mm] L_{i0} = \sum_{k=1}^{n}(X_{ik}-\overline{X}_i)(Y_k-\overline{Y}) \quad i,j=1,2,\cdots,m \\[2mm] L_{00} = \sum_{k=1}^{n}(Y_k-\overline{Y})^2 \end{cases} \tag{3.37}$$

其中
$$\overline{X}_i = \frac{1}{n}\sum_{k=1}^{n}X_{ik} \quad i=1,2,\cdots,m \tag{3.38}$$

$$\overline{Y} = \frac{1}{n}\sum_{k=1}^{n}Y_k$$

如果 Y 和 X_i 之间存在线性关系，则回归方程可记为
$$Y = a + b_1X_1 + b_2X_2 + \cdots + b_mX_m \tag{3.39}$$

式（3.39）中的回归系数 b_i 由方程组（3.40）求出：

$$\begin{cases} L_{11}b_1 + L_{12}b_2 + \cdots + L_{1m}b_m = L_{10} \\ L_{21}b_1 + L_{22}b_2 + \cdots + L_{2m}b_m = L_{20} \\ \quad\quad\quad\quad\quad\vdots \\ L_{m1}b_1 + L_{m2}b_2 + \cdots + L_{mn}b_m = L_{m0} \end{cases} \tag{3.40}$$

如果记

$$L = \begin{bmatrix} L_{11} & L_{12} & \cdots & L_{1m} \\ L_{21} & L_{22} & \cdots & L_{2m} \\ \vdots & \vdots & & \vdots \\ L_{m1} & L_{m2} & \cdots & L_{mn} \end{bmatrix} \quad b = \begin{bmatrix} b_1 \\ b_2 \\ \vdots \\ b_m \end{bmatrix} \quad L_0 = \begin{bmatrix} L_{10} \\ L_{20} \\ \vdots \\ L_{m0} \end{bmatrix}$$

则方程组（3.40）可以用矩阵形式表示：
$$b = L^{-1}L_0 \tag{3.41}$$

常数项
$$a = \overline{Y} - \sum_{i=1}^{m}b_i\overline{X}_i \tag{3.42}$$

为了消除试验过程中自变量所取单位的影响，Y 对 X_i 的标准回归系数 b_i' 与 Y 对 X_i 的回归系数 b_i 之间有关系式：

$$b_i' = b_i\sqrt{\frac{L_{ii}}{L_{00}}} \tag{3.43}$$

经过上式的处理，标准回归系数 b_i' 与 Y 及 X_i 所取单位无关，进而可以直接进行比较。$|b_i'|$ 值越大，X_i 对 Y 的影响就越大。

3.5.2　粗粒石渗流量影响因素程度分析

在实际工程中，水流经粗粒石在单位时间内的渗流量是衡量粗粒石透水性的

重要参数，除了粗粒石本身的物理参数（粒径、厚度、容重）对粗粒石透水性产生影响外，其承压水头也是影响其渗透性能的关键因素，由于试验条件限制，粗粒石容重取值不完整，因此，仅对粗粒石厚度 L、粒径 d、承压水头 H 等利用试验数据，对其影响粗粒石渗流量程度做出分析，以便对实际工程中的选料、施工提供理论指导。应用比较标准回归系数法对上述因素进行分析，相应于上述数学模型，有

$$\begin{cases} Y = [Q] \\ X = [H, L, d] \end{cases} \tag{3.44}$$

式中，L 分别取 30cm，50cm，70cm，90cm；d 分别取 5mm，20mm，60mm；H 分别取 3m，6m，9m，两两正交确定试验次数共 36 次，通过测量数据计算出每次单位时间的渗流量。基于式（3.44）的意义，由式（3.37）～式（3.43）的数学模型得到求回归系数 b_i 方程组（3.45）：

$$\begin{cases} 1616.67b_1 + 165b_2 + 1099b_3 = -2.182 \\ 195b_1 + 18b_2 + 120b_3 = -0.18 \\ 1099b_1 + 120b_2 + 1100b_3 = 133.4 \end{cases} \tag{3.45}$$

解之得

$$\begin{cases} b_1 = 0.4321 \\ b_2 = 0.0293 \\ b_3 = 0.445 \end{cases}$$

由式（3.37）计算得 $\quad L_{00} = 532.38$

于是根据式（3.43）得出标准回归系数 b_i' 为

$$\begin{cases} b_1' = 0.749 \\ b_2' = -0.0539 \\ b_3' = 0.640 \end{cases}$$

由计算结果得

$$|b_1'| > |b_3'| > |b_2'|$$

结合粗粒石渗透试验，通过对粗粒石单位时间渗流量的影响因素进行分析，可以看出，粗粒石铺设厚度 L、粒径 d、承压水头 H 均会对粗粒石的渗流量产生影响，其影响程度依次为承压水头 H、粗粒石粒径 d、粗粒石的铺设厚度 L。

3.5.3　利用 SPSS 软件进行多元线性回归分析

SPSS（Statistical Package for the Social Science）是国际上著名的通用统计软件之一。它的基本功能包括数据管理、统计分析、图表分析、输出管理等，统计分析过程包括描述性统计、均值比较、一般线性模型、相关分析、回归分析、对数线性模型、聚类分析、数据简化、生存分析、时间序列分析、多重响应等几大类，每类中又分好几个统计过程，比如回归分析中又分线性回归分析、曲线估计、Logistic 回归、Probit 回归、加权估计、两阶段最小二乘法、非线性回归等

多个统计过程，每个过程中可以允许用户选择不同的方法及参数，除此之外，SPSS 也有专门的绘图系统，可以根据数据绘制各种图形。因此，在社会科学，以及经济学、心理学、医学等领域都有着广泛的应用。

利用 SPSS 软件对试验数据进行多元线性回归分析，建立多元线性回归模型后，在具体应用前，还需要对回归模型进行多种不同的检验，具体原理如下。

1. 每个自变量对因变量影响的显著性检验

要判断每个自变量对因变量的影响是否显著，需要对各个回归系数 β_i 分别进行 t 检验，具体步骤如下：

（1）提出假设，即对于任意参数 β_i（$i=0$，1，2，$\cdots$，p）

$$H_0：\beta_i=0，\quad H_1：\beta_i\neq0$$

（2）构造并计算检验的统计量 t。

$$t_i = \frac{\hat{\beta_i}}{Se\hat{\beta_i}} \sim t(n-p-1)$$

式中：$Se\hat{\beta_i}$ 是回归系数估计量 $\hat{\beta_i}$ 的抽样分布的标准误差。

（3）得出检验结果，做出判断。在给定显著性水平 α 时，利用计算机计算出的统计量 P 值，若 $P<\alpha$，则拒绝原假设，表明回归系数 β_i 显著，即 X_i 与 Y 之间存在着显著的线性相关关系。

2. 回归方程线性关系的显著性检验（ANOVA 方差分析）

回归方程线性关系的显著性检验是检验因变量 Y 与 P 个自变量之间的关系是否显著，检验的具体步骤为：

（1）提出原假设和备择假设，其中原假设为所有回归系数均为零。两个假设具体表示如下：

$H_0：\beta_1=\beta_2=\beta_3=\cdots=\beta_p=0$，

$H_1：\beta_1$，β_2，$\cdots$，β_p 至少有一个不等于 0。

（2）构造并计算检验统计量 F：

$$F = \frac{SSR/p}{SSE/n-p-1} \sim F_\alpha(p,n-p-1)$$

式中：$SSR=\sum(\hat{Y}-\overline{Y})^2$，称为回归平方和；$SSE=\sum(Y-\hat{Y})^2$，称为剩余平方和。

（3）做出决策。

在给定显著性水平 α 时，利用计算机计算出统计量 P 值，若 $P<\alpha$，则拒绝原假设，这表明 Y 与 p 个自变量之间的线性关系显著。

3. 回归方程的精度测量

对模型精度的测量，是指在利用多元线性模型对一组数据进行拟合后，对这一拟合结果适合性的测量。其指标主要包括负相关系数、复判定系数、估计标准误差等。

（1）负相关系数。进行多元线性回归分析时，如果因变量与自变量之间存在着高度的线性相关关系，则所拟合的回归方程精度就会有很好的保证。而因变量 Y 与自变量 X_1、X_2、X_3、$\cdots$、X_p 之间的线性关系的强弱可以通过考察 Y 和 $\hat{Y}$ 散点图及 Y 与 $\hat{Y}$ 的复相关系数来反映。复相关系数的计算公式是

$$R = \frac{\sum (Y_i - \overline{Y})(\hat{Y}_i - \overline{Y})}{\sqrt{\sum (Y_i - \hat{Y})^2 \sum (\hat{Y}_i - \overline{Y})^2}} \tag{3.46}$$

式中：$\overline{Y}$ 是因变量 Y 的均值；$\overline{\hat{Y}}$ 是拟合值 $\hat{Y}$ 的均值。

（2）复判定系数。

$$R^2 = \frac{SSR}{SST} = 1 - \frac{SSE}{SST} = 1 - \frac{\sum (Y_i - \hat{Y})^2}{\sum (Y_i - \overline{Y})^2} \tag{3.47}$$

式中：$SST = \sum (Y - \overline{Y})^2$，称为总变差平方和。$R^2$ 表示因变量 Y 的全部变差中可由 X_1、X_2、X_3、$\cdots$、X_p 差异解释的部分所占的比例，当 R^2 越接近 1，说明模型越能很好的拟合数据，观测值和估计值就越接近。

（3）估计标准误差。估计的标准误差主要是度量因变量 Y 的观测值与利用回归方程估计的 Y 的估计值 $\hat{Y}$ 的差异，其计算公式是

$$S_Y = \sqrt{\frac{\sum (Y_i - \hat{Y}_i)^2}{n - p - 1}} \tag{3.48}$$

通过 SPSS 软件对试验结果进行分析，得到的计算结果见表 3.7～表 3.9。

表 3.7　　　　　　　回 归 系 数 表

模　型	非标准化系数		标准系数	t 值	p 值（显著性水平）
	β	标准误差	β		
（常量）	0.134	0.428		0.314	0.754
承压水头	0.160	0.004	0.953	39.107	0.000
粒径	0.225	0.041	0.133	5.438	0.000
铺设厚度	−0.023	0.004	−0.130	−5.325	0.000

注　因变量为渗流量。

表 3.8   ANOVA 方差分析表

模型	平方和	自由度	均方	F 值	p 值（显著性水平）
回归	1374.491	3	458.164	531.178	0.000[a]
残差	79.354	92	0.863		
总计	1453.845	95			

注 预测量为承压水头、粒径、铺设厚度；因变量为渗流量。

表 3.9   模 型 汇 总

模 型	R	R^2	调整后的 R^2	标准估计误差
回归	0.972	0.945	0.944	0.92873

注 预测量为承压水头、粒径、铺设厚度；因变量为渗流量。

利用 SPSS 软件对试验结果进行多元线性回归说明如下：

1）回归方程。由 SPSS 计算输出结果可知，回归方程为

$$Q = 0.134 + 0.16H + 0.225d - 0.023L \qquad (3.49)$$

回归系数 $\beta_1 = 0.16$ 表示若粒径和铺设厚度保持不变，则承压水头每增加 1m，单位时间渗流流量将平均增加 0.16m^3；$\beta_2 = 0.225$ 表示若承压水头和铺设厚度保持不变，则粒径每增加 1mm，单位时间渗流流量将平均增加 0.225m^3；$\beta_3 = -0.023$ 表示若承压水头和粒径保持不变，则铺设厚度每增加 1cm，单位时间渗流流量将平均减少 0.023m^3。

2）标准化回归系数。从标准化的回归系数可以看出，$\beta_1' = 0.953$、$\beta_2' = 0.133$、$\beta_3' = -0.130$，因此标准化回归方程为

$$Q = 0.953H + 0.133d - 0.130L \qquad (3.50)$$

比较三个自变量的标准化回归系数可以看出，对单位时间渗流量影响从大到小分别为：承压水头、粒径以及铺设厚度，这与采用标准回归系数法计算所得结果一致。

3）回归方程与回归系数的检验。从计算结果可以看出：

$$t_{\beta_1} = 39.107，\text{其 } p \text{ 值} = 0.000$$
$$t_{\beta_2} = 5.418，\text{其 } p \text{ 值} = 0.000$$
$$t_{\beta_3} = -5.325，\text{其 } p \text{ 值} = 0.000$$

这说明承压水头、粒径以及铺设厚度对单位时间渗流量均有显著影响。

从 ANOVA 表中可以看出，F 检验统计量 $= 531.178$，p 值 $= 0.000$，统计检验表明回归方程的线性关系显著。

4）从 $R^2 = 0.945$，$\overline{R}^2 = 0.944$ 可以看出，通过承压水头、粒径以及铺设厚度水平可以解释粗粒石单位时间内渗流量之间的差异。

第 4 章　无砂混凝土板的渗流特性

影响无砂混凝土板渗流取水的因素分为水的因素和无砂混凝土板的因素，本书主要研究无砂混凝土板的影响。选用粒径为 10mm 的无砂混凝土板，选取清水，忽略水质的影响，研究不同容重的无砂混凝土板在不同压力水头作用下的渗流特性，得出不同压力水头 H 作用下对应的无砂混凝土板的渗流效能以及渗流系统的渗流变化过程。

4.1　不同容重的无砂混凝土板的渗流特性

根据 2.3.2 节的试验方案可以得出六块无砂混凝土板的渗流量和压力水头的关系，根据试验结果将其分为两类，一类为容重较高的无砂混凝土板；另一类为容重较小的无砂混凝土板。具体结果如下。

4.1.1　较高容重无砂混凝土板的渗流特性

（1）较高容重（$r_1 = 22174.00$ N/m³ 和 $r_2 = 22464.86$N/m³）的无砂混凝土板，在不同压力水头下的渗流量如图 4.1 所示。

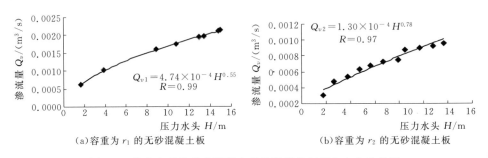

（a）容重为 r_1 的无砂混凝土板　　（b）容重为 r_2 的无砂混凝土板

图 4.1　较高容重的无砂混凝土板的渗流量与压力水头的关系

由图 4.1 可以看出：容重为 r_1 和容重为 r_2 的无砂混凝土板的渗流量与压力水头的关系为幂函数关系，其相关系数达到 0.99 和 0.97。两块无砂混凝土板的容重接近，说明其孔隙率相差不大，所以渗流量与压力的关系曲线较为接近，在相同的试验压力水头范围内，容重为 r_1 和容重为 r_2 的两种无砂混凝土板的渗流量范围为 0.0002～0.002m³/s，其渗流量较小。

（2）图 4.1 中给出了容重为 r_1 和容重为 r_2 的两种无砂混凝土板在清水试验时的渗流量与压力水头的试验结果。经过对图 4.1 中拟合公式的计算，可以得到无砂混凝土板在不同压力水头下，每平方米板长在厚度为 0.2m 时的渗流量 Q_v 与压力水头 H 的关系函数。渗流量与压力水头的关系用式（4.1）进行拟合。

$$Q_v = kH^m \tag{4.1}$$

由此，根据设计资料和试验测试结果，可以算得不同方案在各种压力水头下的渗透系数。清水无填料时，对应方案中容重为 r_1 和容重为 r_2 的无砂混凝土板的每平方米每天的渗流量 Q_v 见式（4.2）和式（4.3）：

$$容重为 r_1 无砂混凝土板 \quad Q_{v1} = 136.37H^{0.55} \tag{4.2}$$

$$容重为 r_2 无砂混凝土板 \quad Q_{v2} = 37.497H^{0.78} \tag{4.3}$$

表 4.1 　　　　　较大容重的无砂混凝土板每平方米每天的渗流量　　　　单位：m³/d

无砂混凝土板	压 力 水 头						
	2m	4m	6m	8m	10m	12m	14m
r_1	199.66	292.32	365.34	427.97	483.86	540.24	582.22
r_2	64.39	110.56	151.69	189.85	225.94	260.47	293.75

由图 4.1 还可以看出容重为 r_1 和容重为 r_2 的两种无砂混凝土板适用的工程条件为：要求单位长度渗流量较小，河道或者水库内允许布置较长无砂混凝土板，以获取符合总集水量要求的工程。结合渗流理论，根据达西公式 $v = kJ^m$ 分析拟合公式可以得出渗流量函数关系中，幂指数 $m_1 = 0.55$ 和 $m_2 = 0.78$，可以看出此时的渗流水流处在层流向紊流的过渡区内。并且容重为 r_2 的无砂混凝土板更为接近层流，说明渗流量在较小流量时更接近层流，而随着渗流量的增大，逐渐向紊流变化。

4.1.2 较低容重无砂混凝土板的渗流特性

（1）根据 2.3.2 的试验方案的试验结果，其余四块无砂混凝土板容重为 $r_3 \sim r_6$，这类无砂混凝土板容重较小，渗流量 Q_v 和压力水头 H 的关系如图 4.2 所示。

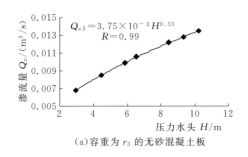

（a）容重为 r_3 的无砂混凝土板

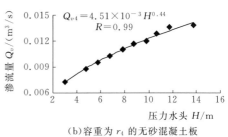

（b）容重为 r_4 的无砂混凝土板

图 4.2（一）　容重为 $r_3 \sim r_6$ 的无砂混凝土板的渗流量与压力水头的关系

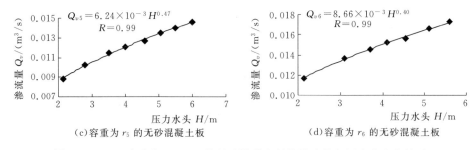

（c）容重为 r_5 的无砂混凝土板　　　　（d）容重为 r_6 的无砂混凝土板

图 4.2（二）　容重为 $r_3 \sim r_6$ 的无砂混凝土板的渗流量与压力水头的关系

　　由图 4.2 可以看出容重为 $r_3 \sim r_6$ 的无砂混凝土板的渗流量与压力水头的关系与容重为 r_1 和容重为 r_2 的无砂混凝土板相似，都是呈幂函数关系，并且拟合曲线的相关系数也到了 0.99 以上。但是容重为 $r_3 \sim r_6$ 的无砂混凝土板的渗流量在相同压力水头下，其范围为 $0.005 \sim 0.015 \mathrm{m^3/s}$，而容重为 r_5 和容重为 r_6 的无砂混凝土板较容重为 r_3 和容重为 r_4 的无砂混凝土板相比又略大，所以其渗流量也更大，但总体来说这四块无砂混凝土板的渗流量比容重为 r_1 和容重为 r_2 的无砂混凝土板渗流量增大了近 10 倍。

　　（2）图 4.2 中给出了容重为 $r_3 \sim r_6$ 的无砂混凝土板在试验时，渗流量 Q_v 与压力水头 H 的关系。与 4.1.1 中采用同样的变换方式，可以得到无砂混凝土板在不同压力水头下，每平方米无砂混凝土板的渗流量。

　　对应方案中容重为 $r_3 \sim r_6$ 的无砂混凝土板，每平方米每日的渗流量 Q_v 与压力水头 H 的拟合公式见式（4.4）～式（4.7），运用式（4.4）～式（4.7）计算得出不同压力水头下的渗流量见表 4.2。

$$容重为 r_3 无砂混凝土板 \quad Q_{v3} = 1078.73 H^{0.55} \qquad (4.4)$$

$$容重为 r_4 无砂混凝土板 \quad Q_{v4} = 1285.75 H^{0.44} \qquad (4.5)$$

$$容重为 r_5 无砂混凝土板 \quad Q_{v5} = 1797.12 H^{0.47} \qquad (4.6)$$

$$容重为 r_6 无砂混凝土板 \quad Q_{v6} = 2494.63 H^{0.40} \qquad (4.7)$$

表 4.2　　　　　**较低容重无砂混凝土板每平方米每天的渗流量**　　　　单位：$\mathrm{m^3/d}$

无砂混凝土板	压　力　水　头/m						
	2	4	6	8	10	12	14
r_3	1580.45	2315.52	2895.18	3392.47	3836.31	4241.73	4617.75
r_4	1744.09	2366.05	2828.16	3209.79	3540.93	3836.69	4105.94
r_5	2496.12	3466.99	4201.66	4815.50	5352.75	5835.92	6278.30
r_6	3284.83	4325.36	5080378	5695.49	6223.07	6690.20	7112.42

　　由图 4.2 可以看出容重为 $r_3 \sim r_6$ 的无砂混凝土板适用的工程条件为：要求

单位长度渗流量较大，河道或者水库内不允许布置较长无砂混凝土板，而又要求较大的总渗流量要求的工程。由式（4.4）～式（4.7）和表4.2可以看出，这四块无砂混凝土板的渗流量已经达到了相当大的程度，结合渗流理论可以看出幂指数从 $m_3 = 0.55$ 变化到 $m_6 = 0.40$，说明此时渗流水流已从层流到紊流的过渡区，过渡到了紊流渗流，而且不再满足达西渗流。

综上所述：无砂混凝土板渗流集水在容重较大时，处于层流到紊流的过渡区内。而随着容重的减小，渗流速度加快，无砂混凝土板孔隙率也增加，逐渐过渡到紊流区域内，渗流状态为非达西渗流。

4.2　无砂混凝土板不同放置方式时的渗流特性

根据方案可以得出容重为 r_1 和容重为 r_2 的无砂混凝土板在水平渗流时的渗流量 Q_v 和压力水头 H 的关系，如图4.3所示。

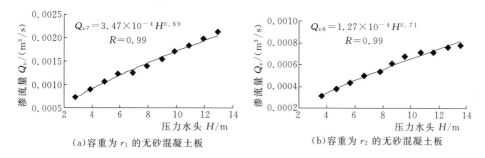

（a）容重为 r_1 的无砂混凝土板　　　　（b）容重为 r_2 的无砂混凝土板

图4.3　较高容重的无砂混凝土板的水平渗流量与压力水头的关系

由图4.3可以看出：与图4.1比较，容重为 r_1 和容重为 r_2 的两种无砂混凝土板在竖直放置时的渗流集水关系曲线在相同压力水头时较水平放置时要低，曲线较为平缓，在压力水头为 2～14m 时的渗流量范围为 0.0002～0.0015m³/s，在相同压力水头相比于水平放置时的渗流量减小了 0.0002～0.0005m³/s。

容重为 r_1 和容重为 r_2 的无砂混凝土板在水平渗流时，通过拟合渗流量与压力水头关系可以得到无砂混凝土板在不同压力水头下，无砂混凝土板单位面积的渗流量。

在无砂混凝土板竖直放置时，容重 r_1 和容重 r_2 的两种无砂混凝土板的每平方米每天的渗流量 Q_v 见表4.3，拟合公式见式（4.8）和式（4.9）。

$$\text{容重为 } r_1 \text{ 无砂混凝土板 } Q_{v7} = 99.81 H^{0.69} \tag{4.8}$$

$$\text{容重为 } r_2 \text{ 无砂混凝土板 } Q_{v8} = 36.501 H^{0.71} \tag{4.9}$$

由式（4.8）和式（4.9）可以看出：容重为 r_1 和 r_2 的无砂混凝土板适用的工程条件为河道或水库内不宜布置较多的无砂混凝土板，故而在河道或水库两岸可用廊道式集水要求的取水工程，而且水平渗流的渗流量要小于竖直的渗流量。同时可以得出渗流集水函数幂指数 $m'_1=0.69$ 和 $m'_2=0.71$，说明此时渗流更接近为层流。

表 4.3　　　　　　　　　　每平方米每天无砂混凝土板的渗流量　　　　　　　单位：m^3/d

无砂混凝土板	压 力 水 头 /m						
	2	4	6	8	10	12	14
r_1	161.02	259.77	343.64	419.09	488.85	554.38	616.59
r_2	59.71	97.67	130.25	159.77	187.20	213.07	237.71

4.3　无砂混凝土板渗流量的计算公式

4.3.1　渗流量拟合公式

根据现有资料中的已知量，为了求得渗流量 Q_v 对应压力水头 H 下的渗透系数 k，现采用量纲分析法来确定两者之间的关系，得出关系函数，为实际应用提供一定的参考。

现有的已知量有：无砂混凝土板的容重 r、重力加速度 g、水流的密度 ρ_0，渗流过水面积 A，渗流的厚度 h，渗流集水时的压力水头 H，以及在该压力水头下对应的渗流量 Q_v，需要得出该材料的每个压力水头下的渗透系数 k。

定义一般函数式：　　　　　$Q_v = f(\rho_0, g, H, h, A, r)$　　　　　　　　(4.10)

上式共有 7 个物理量，其中自变量为 6 个，现选择 ρ、g、H 为基本物理量，则式（4.10）可以用 4 个量纲为一的数组成的关系式来表达，这些量纲一的数（π）为

$$\pi = \frac{Q_v}{\rho_0^x g^y H^z} \tag{4.11}$$

$$\pi_4 = \frac{h}{\rho_0^{x_4} g^{y_4} H^{z_4}} \tag{4.12}$$

$$\pi_5 = \frac{A}{\rho_0^{x_5} g^{y_5} H^{z_5}} \tag{4.13}$$

$$\pi_6 = \frac{r}{\rho_0^{x_6} g^{y_6} H^{z_6}} \tag{4.14}$$

选择了 ρ、g、H 为基本物理量，由基本物理量所组成的量纲一的数均等于 1 即

$\pi_1 = \pi_2 = \pi_3 = 1$，因为 π、π_4、π_5、π_6 均为量纲一的数，式（4.11）～式（4.14）的右端，分子与分母量纲相同由式（4.11）可得出：$\dim q_v = \dim(r^x H^y)$。

（1）将该式各物理量的量纲用 L、T、M 来表示，则有

$$L^3 T^{-1} = (ML^{-3})^x (LT^{-2})^y (L)^z$$

通过待定系数法解方程可以得出 $x = 0$、$y = 1/2$、$z = 5/2$，代入式（4.11），可得

$$\pi = \frac{Q_v}{g^{1/2} H^{5/2}}$$

（2）同理由式（4.12）可以得出量纲式：

$$L = (ML^{-3})^{x_4} (LT^{-2})^{y_4} (L)^{z_4}$$

上式的两边相同量纲指数相等，则有方程组：

$$\begin{cases} 0 = x_4 \\ 1 = -3x_4 + y_4 + z_4 \\ 0 = -2y_4 \end{cases}$$

解得 $x_4 = 0$、$y_4 = 0$、$z_4 = 1$，代入式（4.12）可得 $\pi_4 = \dfrac{h}{H}$。

（3）同理由式（4.13）可以得出量纲式为

$$L^2 = (ML^{-3})^{x_5} (LT^{-2})^{y_5} (L)^{z_5}$$

通过求解联立得到的方程组可以得出：$x_5 = 0$、$y_5 = 0$、$z_5 = 2$，代入式（4.13）可得

$$\pi_5 = \frac{A}{H^2}$$

（4）同理由式（4.14）可以得出量纲式为

$$ML^{-2} T^{-2} = (ML^{-3})^{x_6} (LT^{-2})^{y_6} (L)^{z_6}$$

通过求解联立得到的方程组可以得出：$x_6 = 1$、$y_6 = 1$、$z_6 = 0$，代入式（4.14）可得

$$\pi_6 = \frac{r}{\rho g}$$

根据 π 定理，可用 $\pi \sim \pi_6$ 组成量纲以的数的关系即 $\pi = f(1,1,1,\pi_4,\pi_5,\pi_6)$，即得到公式：

$$\frac{Q_v}{g^{1/2} H^{5/2}} = f\left(\frac{h}{H}, \frac{A}{H^2}, \frac{r}{\rho g}\right)$$

最终可以得出 $Q_v = f\left(\dfrac{h}{H}, \dfrac{A}{H^2}, \dfrac{r}{\rho g}\right) g^{1/2} H^{5/2}$。定义公式中 $f\left(\dfrac{h}{H}, \dfrac{A}{H^2}, \dfrac{r}{\rho g}\right) g^{1/2}$ 为一个与流体特性和材料的容重等性质有关的系数 k，于是可以得到

$$Q_v = kH^{5/2} \tag{4.15}$$

4.3.2 渗透系数 k 与无砂混凝土板容重 r 的关系

由多组垂直渗流试验结果 $Q_v = kH^m$ 可以看出，渗流量与无砂混凝土板的压力水头成幂函数关系，但是每块无砂混凝土板都对应一个幂函数，可见无砂混凝

板的性质也对渗流效能有一定的影响，为研究其定量关系，将每一个渗透系数 k 与对应的无砂混凝土板的容重 r 进行数据拟合，得出对应的拟合关系如图 4.4 所示。

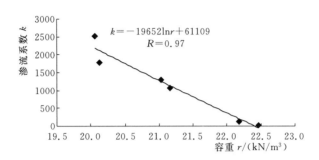

图 4.4　渗透系数 k 与容重 r 的关系

由图 4.4 中拟合结果，可以看出渗透系数与无砂混凝土板容重成对数函数关系，当无砂混凝板容重增加时，渗透系数减小；反之则增加。拟合结果为

$$k = -19652\ln r + 61109 \tag{4.16}$$

从式（4.16）中可以看出：当容重趋近于 0 时，即不存在无砂混凝土板或者无砂混凝土重量小到无法构成无砂混凝土板时，水流直接为自由出流，但是当容重为 $r = 22.5\text{kN/m}^3$ 时，渗透系数几乎为零，说明此时单位体积的无砂混凝土板接近密实，渗流量很小。

4.3.3　渗透指数 m 与无砂混凝土板容重 r 的关系

由垂直渗流结果 $Q_v = kH^m$ 可以看出，渗透指数 m 也是一个影响渗流效能的重要因素，其主要反映渗流过程中的水流流态的变化，当设定过流面积与渗流的过水断面面积相等时，由 $Q_v = kH^m$ 可以得出 $v = kJ^m$，由多组试验结果可以看出渗透指数 $1/m$ 普遍大于 1，具体的试验结果如图 4.5 所示。

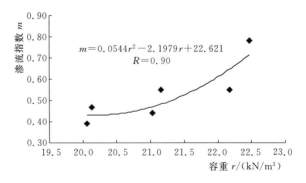

图 4.5　渗透指数 m 与容重 r 的关系拟合曲线

由拟合结果可以得出渗透指数 m 与无砂混凝土板容重 r 的关系为

$$m = 0.0544r^2 - 2.198r + 22.621 \tag{4.17}$$

从式（4.17）中可以看出：无砂混凝土板容重 $0 < r < 22.5\text{kN/m}^3$，即无砂混凝土板在非密实状态能够渗流时的范围，由图 4.5 还可以看出试验结果 $1/m > 1$，说明渗流为非层流渗流，在无砂混凝土板 r 较小时，渗流系统处于湍流区；在无砂混凝土板 r 较大时，渗流系统处于层流向湍流的过渡区范围。

由式（4.10）联合式（4.16）和式（4.17），可以得出渗流系统渗流量和压力水头以及无砂混凝土板容重的关系，结果见式（4.18）。

$$Q_v = (-19652\ln r + 61109)H^{0.0544r^2 - 2.198r + 22.621} \tag{4.18}$$

式中：Q_v 为厚度为 0.2m 的无砂混凝土板的集水流量，m^3/s；r 为无砂混凝土板的容重，范围为 $0 < r < 22.5\text{kN/m}^3$；$H$ 为无砂混凝土板顶至自由水面的水头值。

4.4　无砂混凝土板的渗流效能分析

经过对不同容重无砂混凝土板渗流效能的分析，发现其渗流关系为幂函数关系。现根据试验结果，选取在相同压力水头 H 下，不同容重 r 的无砂混凝土板对应的渗流量 Q_v 进行分析，试验结果如图 4.6 所示。

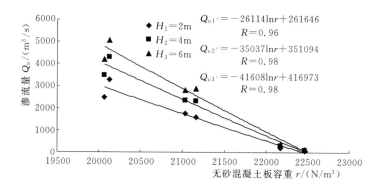

图 4.6　相同压力水头下无砂混凝土板容重与渗流量的关系

由图 4.6 可以看出：无砂混凝土板容重与渗流量的函数关系为对数关系，其拟合函数的相关系数均在 0.95 以上，具体的拟合公式为

压力水头为　　　　$H=2\text{m}$：$Q_{v1'} = -26114\ln r + 261646$ 　(4.19)

压力水头为　　　　$H=4\text{m}$：$Q_{v2'} = -35037\ln r + 351094$ 　(4.20)

压力水头为　　　　$H=6\text{m}$：$Q_{v3'} = -41608\ln r + 416973$ 　(4.21)

由上述拟合公式可以看出：无砂混凝土板顶面水流压力水头越大，其拟合曲线越陡，说明渗流量变化越快，但是由无砂混凝土板材料可以得出容重不能无限

小，其孔隙率也不能无限增大，故其渗流量也不能无限大，反之当无砂混凝土板容重增加时，其渗流曲线变缓，当其容重达到 22500N/m³ 时渗流量很小，几乎为 0。

4.4.1　不同容重的无砂混凝土板渗流效能对比分析

为分析不同容重的无砂混凝土板的渗流能力，以容重 r_1 的无砂混凝土板为基准，用其他容重的无砂混凝土板每平方米每天的垂直渗流量与容重为 γ_1 的无砂混凝土板每平方米每天的垂直渗流量的比值进行分析。定义设定各条件下容重为 $\gamma_1 \sim \gamma_6$ 的无砂混凝土板，每平方米的垂直渗流量分别为 $Q_{v1} \sim Q_{v6}$。

Q_{v1}——容重为 r_1 的无砂混凝土板的垂直渗流量；Q_{v2}——容重为 r_2 的无砂混凝土板的垂直渗流量；

Q_{v3}——容重为 r_3 的无砂混凝土板的垂直渗流量；Q_{v4}——容重为 r_4 的无砂混凝土板的垂直渗流量；

Q_{v5}——容重为 r_5 的无砂混凝土板的垂直渗流量；Q_{v6}——容重为 r_6 的无砂混凝土板的垂直渗流量。

则有：$\eta_1 = \dfrac{Q_{v2}}{Q_{v1}} \times 100\%$；$\eta_2 = \dfrac{Q_{v3}}{Q_{v1}} \times 100\%$；$\eta_3 = \dfrac{Q_{v4}}{Q_{v1}} \times 100\%$；$\eta_4 = \dfrac{Q_{v5}}{Q_{v1}} \times 100\%$；$\eta_5 = \dfrac{Q_{v6}}{Q_{v1}} \times 100\%$。

则得出的无砂混凝土板渗流比值结果如图 4.7 所示。

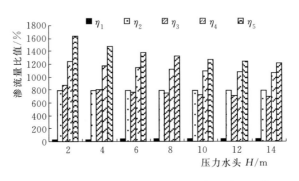

图 4.7　垂直渗流时无砂混凝土板渗流效果比值

由图 4.7 可以看出：相同体积的无砂混凝土板，容重不同时，导致无砂混凝土板的孔隙率不同，由于容重 $r_2 > r_1 > r_3 > r_4 > r_5 > r_6$，说明无砂混凝土板的孔隙率 $\varphi_2 < \varphi_1 < \varphi_3 < \varphi_4 < \varphi_5 < \varphi_6$，当孔隙率逐渐增大时，无砂混凝土板的渗流能力呈逐渐增大的趋势；由容重差可以看出 r_5 和 r_3 相比于 r_1 分别增大了 150N/m³ 和 200N/m³ 左右，而渗流效果变化为 7.5～8 倍，最大甚至达到了 15 倍，可以看出容重对无砂混凝土板渗流的影响效果是很大的。

4.4.2 无砂混凝土板在不同渗流方向时的渗流效能分析

无砂混凝土板的渗流方向分别为垂直方向渗流和水平方向渗流，分析不同渗流方向的无砂混凝土板的渗流效能，对容重为 γ_1 和容重为 γ_2 的无砂混凝土板在相同压力水头下每平方米每天不同方向的渗流量比值进行分析。定义容重 γ_1 和容重 γ_2 的无砂混凝土板在不同放置方式时，每平方米每天的垂直渗流量为 Q_{v1} 和 Q_{v2}，水平渗流量为 $Q_{v7} \sim Q_{v8}$。

Q_{v1}——容重为 r_1 的无砂混凝土板的垂直渗流量；Q_{v2}——容重为 r_2 的无砂混凝土板的垂直渗流量；

Q_{v7}——容重为 r_1 的无砂混凝土板的水平渗流量；Q_{v8}——容重为 r_2 的无砂混凝土板的水平渗流量。

则有：$\eta_6 = \dfrac{Q_{v7}}{Q_{v1}} \times 100\%$；$\eta_7 = \dfrac{Q_{v8}}{Q_{v2}} \times 100\%$。

得出的渗流比较结果如图 4.8 所示。

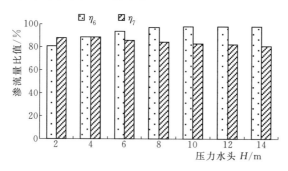

图 4.8 无砂混凝土板不同放置时的渗流效能比值

由图 4.8 可以看出：相同容重的无砂混凝土板在水平渗流时的渗流量小于在垂直渗流时的渗流量，在垂直渗流时受渗透压力和重力的共同作用，在压力水头较大时，可以看出重力作用还是有比较明显的影响，但随着渗透压力的减小，渗流量变化逐渐不明显，说明此时供水压力起主要作用，垂直放置与水平放置时的渗流量的比值约为 0.80~0.95。当工程应用中水头较高时两个方向都可以满足渗流量的要求，可以适当选取无砂混凝土板的布置方式，既满足工程要求，又可以减小工作量。

4.5 无砂混凝土板渗流效能的综合因素敏感性分析

4.5.1 分析原理

标准回归系数法中各变量含义见表 4.4。采用标准回归系数法对无砂混凝土板的渗流效能进行敏感性因素分析，其理论如下：

表 4.4   标准回归系数法中各变量含义

含义	随机变量	自变量	样本容量	自变量 X_i 在第 k 次试验时的取值	随机变量 Y 在第 k 次试验的结果	回归系数
符号	Y	X_m	n	X_{ik}	Y_k	b_i

令

$$\begin{cases} L_{ij} = \sum_{k=1}^{n} (X_{ik} - \overline{X}_i)(X_{jk} - \overline{X}_j) \\ L_{i0} = \sum_{k=1}^{n} (X_{ik} - \overline{X}_i)(Y_k - \overline{Y}) \quad i,j = 1,2,\cdots,m \\ L_{00} = \sum_{k=1}^{n} (Y_k - \overline{Y})^2 \end{cases} \tag{4.22}$$

式（4.22）中　$\overline{X}_i = \dfrac{1}{n} \sum_{k=1}^{n} X_{ik}$　$i = 1,2,\cdots,m$；$\overline{Y} = \dfrac{1}{n} \sum_{k=1}^{n} Y_k$

假设 Y 和 X_i 之间的关系为线形关系，则得出的回归方程可记为

$$Y = a + b_1 X_1 + b_2 X_2 + \cdots + b_m X_m \tag{4.23}$$

式（4.23）中 b_i 由式（4.23）求出：

$$\begin{cases} L_{11} b_1 + L_{12} b_2 + \cdots + L_{1m} b_m = L_{10} \\ L_{21} b_1 + L_{22} b_2 + \cdots + L_{2m} b_m = L_{20} \\ \qquad\qquad\qquad \vdots \\ L_{m1} b_1 + L_{m2} b_2 + \cdots + L_{mm} b_m = L_{m0} \end{cases} \tag{4.24}$$

根据式（4.24）可以得出矩阵 L：

$$L = \begin{bmatrix} L_{11} & L_{12} & \cdots & L_{1m} \\ L_{21} & L_{22} & \cdots & L_{2m} \\ \vdots & \vdots & \vdots & \vdots \\ L_{m1} & L_{m2} & \cdots & L_{mm} \end{bmatrix} \quad b = \begin{bmatrix} b_1 \\ b_2 \\ \vdots \\ b_m \end{bmatrix} \quad L_0 = \begin{bmatrix} L_{10} \\ L_{20} \\ \vdots \\ L_{m0} \end{bmatrix}$$

经过变换式（4.24）可以用矩阵形式表示：

$$b = L^{-1} L_0 \tag{4.25}$$

$$a = \overline{Y} - \sum_{i=1}^{m} b_i \overline{X}_i \tag{4.26}$$

Y 对 X_i 的标准回归系数 b_i' 与 Y 对 X_i 的回归系数 b_i 之间有关系式（4.26）：

$$b_i' = b_i \sqrt{\dfrac{L_{ii}}{L_{00}}} \tag{4.27}$$

由上述推导公式可以看出，$|b_i'|$ 值越大，说明自变量 X_i 对随机变量 Y 的影响就越大，进而表明，该因素对试验结果的影响程度也就越明显。

4.5.2 无砂混凝土板渗流效能的综合影响因素分析

无砂混凝土板的渗流效能是水利取排水工程成败的最重要的指标，工程取排水量的多少直接决定着水利工程设计方案的可行性。因此，对渗流量的研究有着重要意义，尤其是对其影响因素的研究。利用试验数据，对不同渗流量的影响因素进行敏感性分析，主要分析各影响因素对渗流量的影响程度，以便于对无砂混凝土板渗流系统的设计方案做改进，保证设计方案能达到工程目标，并且能够对渗流量与水库的储水量之间进行调控。无砂混凝土板渗流效能的影响因素主要有无砂混凝土板容重，无砂混凝土板压力水头，无砂混凝土板是否装填滤料和无砂混凝土板的放置方式。无砂混凝土板渗流效能的主要影响因素见表4.5。

表 4.5 无砂混凝土板渗流效能影响因素

含义	不同压力水头	无砂混凝土板容重	装填滤料后渗流厚度	渗流取水量差
符号	H	r	h	ΔQ_v

采用标准回归系数法理论建立如下计算模型，有

$$\begin{cases} Y = [\Delta q_v] \\ X = [r, h, H] \end{cases} \tag{4.28}$$

式中：H 分别取 2m、4m、6m、8m；r 分别取 2263.00N/m³、2159.00N/m³、2054.17N/m³；h 为渗流试验时渗流层厚度；Δq_v 以无砂混凝土板每次的渗流量与 10m³/d 为标准渗流量的差值，所以共正交确定试验次数 24 次，通过测量数据计算每次的渗流量差值。基于式（4.28）的意义，由式（4.22）~式（4.24）的数学模型，得到求于回归系数 b_i 的方程组。

解之得
$$\begin{cases} b_1 = 74.73 \\ b_2 = 13.06 \\ b_3 = 32.26 \end{cases}$$

由式（4.22），计算得 $L_{00} = 1.97 \times 10^7$，于是根据式（4.27）得出标准回归系数 b_i' 为

$$\begin{cases} b_1' = 0.18 \\ b_2' = 0.02 \\ b_3' = 0.08 \end{cases}$$

由计算结果可得

$$|b_1'| > |b_3'| > |b_2'|$$

由此可以看出无砂混凝土板的容重、不同放置方式和是否装填滤料都会对其渗流效能产生影响，影响程度无砂混凝土板容重 $r >$ 装填滤料 $h >$ 无砂混凝土板的压力水头 H。说明了无砂混凝土板自身材料的性质对渗流效能影响最大，而放置方式影响最小。

综上所述：对无砂混凝土板渗流效能的影响因素进行横向对比分析，影响无砂混凝土板渗流效能的因素为：①无砂混凝土板的容重，由于本文选取加工好的无砂混凝土板，所以用无砂混凝土板的容重来反映其孔隙率的大小，由图 4.7 可以得出容重的影响效果最为明显，不同容重对渗流效能的影响是成 10 的倍数变化，工程建设时应该慎重考虑在材料加工时应该严格控制无砂混凝土板的配比；②从无砂混凝土板的渗流能力影响因素的敏感性分析，可以看出无砂混凝土板本身材料的性质和渗流整体系统的布置对渗流效能影响较大，说明控制无砂混凝土板渗流效能从材料本身出发较为容易，可调控范围较大，而且无砂混凝土板渗流效能的外因一般取决于河流或水库的实际情况，受自然因素的制约较大，不好进行人工调控，而水库的水位的调控又要涉及其他水利部门，所以在取排水流量大小的调控时可以根据不同的要求来选取相应的调控因素。因此渗流工程中，无砂混凝土板的选择就显得尤为重要。

4.6　无砂混凝土板渗流特性数值模拟

随着流体力学基础理论的完善和计算机发展水平的提高，数值模拟分析已经具有了相当的可行性。数值模拟的应用范围也越来越广泛，从单相模拟向多相转变，从简单模型向复杂模型变化。通过物理模型的建立、求解和分析，能够得出试验对象的流场、力场以及各个位置的物理量变化规律，尤其对一些物理试验难以实现的问题提供了一种良好的求解方式。

因此，本节将采用数值模拟的方法，来进一步分析无砂混凝土板的渗流特性，综合对比分析无砂混凝土板在渗流过程中各个位置的渗流速度和压强分布及其变化特点，尤其是在水流与无砂混凝土板的接触面的变化规律。

4.6.1　无砂混凝土板渗流特性数值模拟软件简介

1. GAMBIT 软件简介

GAMBIT 是一个专业的建模和网格划分软件，功能强大且使用方便，首先使用 GAMBIT 软件构建几何模型；然后进行划分网格和设置边界条件；最终，利用能够输出带有边界条件的网格文件，为数值模拟做准备。

GAMBIT 软件的特点如下：

（1）全面的三维几何建模能力，通过多种操作方式，针对点、线、面和体的空间坐标来进行模型建立，并且具有有效的布尔运算能力，可以有效地切割、合并几何图形，来创造需要的三维几何模型。

（2）强大的网格划分能力，能够生成输出一些 CFD 软件特殊需要的高质量的网格，并且具备着边界层等信息。GAMBIT 软件可以在较为复杂的区域内直接划分高质量的网格，包括四面体、六面体或混合网格。本书将采用以四面体网格形式为主的网格划分方式。

（3）所生成的网格文件可以导入许多软件，如 Pro/E，UG，ANSYS，FLUENT 等，有较高的稳定性和保真性。

使用 GAMBIT 软件建立几何模型主要由三部分构成，先建立与设计等尺寸的渗流装置的几何模型，对模型流域划分网格，最后设定边界条件。本书采用 GAMBIT 结合 FLUENT 软件来进行数值模拟验证。

2. FLUENT 软件简介

计算流体力学（CFD）是一门随着计算机发展应运而生的一门学科，以流体动力学和数值计算方法为基础，来研究物理实际问题。为了更加专业和方便快捷地处理实际物理问题，自 1981 年开始，相继出现了一些 CFD 通用软件，如 PHOENICS、FLUENT 与 STARCD 等。随着对软件的改进，在 1983 年由 FLUENT 公司推出的一款 FLUENT 软件，其能够用来解决流体、热传递和化学反应相关的一系列工程问题，适用于各种复杂几何条件的可压和不可压流体计算。而且软件越来越成熟，被广泛地应用于实际生活中。

GAMBIT 是当前最好的 CFD 分析前处理器，用来建立需要的几何图形并划分网格，再在 FLUENT 中可以通过多种可选择的求解方法进行计算。并且可以进行软件的二次开发，能更加专业的解决专业问题。

FLUENT 软件的特点如下：

（1）拥有灵活的网络特性，其基本的控制体形状可以是，三角形或四边形的二维网格，也可以是四面体、六面体的三维网格。

（2）FLUENT 可以对边界条件进行多种的自定义，包括入口、出口和壁面，以及相关的边界条件设定，通过自定义函数功能，可以对边界条件进行设定，实现按时间和空间的变化。

（3）FLUENT 使用 GAMBIT 软件作前处理软件，也可以读取 CAD 软件中绘制三维几何图形和 CAD 类型文件。FLUENT 可以用作处理二维平面、二维轴对称、三维流动问题，可以完成多种流体模拟、流动分析和计算。应用广泛且高效。

3. 数值模拟的求解过程

采用 FLUENT 软件的求解过程如下：

（1）利用 GAMBIT 软件建立所需的多孔介质渗流几何模型。

（2）对渗流几何模型进行边界条件的设置，网格划分，输出 mesh 文件。

（2）开启 FLUENT 软件，选择 3D 求解器。

（3）将 mesh 文件导入到 FLUENT 软件当中，并检查网格是否正确。

（4）更改确认流体的物理参数、密度、比热容和温度等。

（5）设置边界条件，本书为对应无砂混凝土板在水库中渗流试验，所以设置为压力入口和自由出流。

（6）条件计算控制参数，设置无砂混凝土板的孔隙率、阻力系数等。

（7）初始化流场。

（8）计算求解。

（9）对结果进行后处理。

4.6.2　无砂混凝土板渗流特性模型建立与网格的划分

1. GAMBIT 软件中的 3D 模型

图 4.9 为 GAMBIT 软件建立的无砂混凝土板渗流系统装置 3D 模型。在该渗流模型中，可以看出以无砂混凝土板最下面设置为起始面，以无砂混凝土板中心为原点，建立无砂混凝土板渗流模型的坐标系。由图 4.9 可以看出为竖直渗流模型，下面布置 0.5m×0.6m×0.2m 的无砂混凝土板，上端为高 0.2m 的水箱模型，总高度为 0.4m，

从建立模型的完整度上来考虑，模型的设计仅是下段部分与试验模型相对应，并且忽略了钢管及水泵等供水动力系统，以及后续的试验测试系统。

2. 网格划分以及边界条件

在三维空间直角坐标系下，建立无砂混凝土板渗流装置的 3D 模型，渗流系统中流体沿 z 轴负方向流动，无砂混凝土板的横剖面为 xoy 平面。

对边界类型进行设置，由于在进行渗流模型试验的时候，主要的控制参数为无砂混凝土板上方水流的进口流速，也对应体现无砂混凝土板底部出口相当于自由出流，所以在渗流系统模型入口选择速度入口（Velocity inlet）作为边界条件的设定。因为无砂混凝土板末端与空气接触，水流自由下泄，故选用速度出口（outflow）为出口的边界条件设定。无砂混凝土板其他各面以及渗流装置各面都设置为固壁边界（wall）。最终将所形成的网格以 mesh 格式输出。对应的模型网格划分结果如图 4.10 所示。

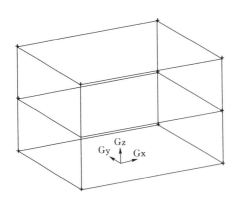

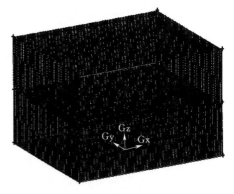

图 4.9　GAMBIT 软件建立的渗流量　　　图 4.10　三维模型的网格划分
　　　系统装置 3D 模型

对于两个 3D 模型均选用 Hex 的网格划分方法，即以六面体网格划分方法。选用这种网格划分方式的主要原因在于，此无砂混凝土板渗流装置的整体结构较为简单，而且模型为规则体，只是对无砂混凝土板的模型进行尺寸更小的网格划分，为了模拟更加准确，更为真实的体现多孔介质渗流，所以采用六面体网格划分出相对质量高的网格文件。对用于模型试验对比的模型，即图 4.9 中的水箱装置采用 0.005m 的尺寸来划分网格，网格数为 332000，而无砂混凝土板则采用 0.006m 的尺寸进行网格划分，网格数为 273900，因为该 3D 模型尺寸较大，得到的网格总数为 605900 个。

4.6.3 FLUENT 软件中的无砂混凝土板渗流特性数值模拟

FLUENT 软件中的数值模拟计算，需要参考模型试验中的参数设定，通过进出口面的压力差和减压效率的比较，来确定数值模拟计算的正确性，再借用数值模拟中的详细参数来进一步求解该数学模型的参数。

启动 FLUENT 软件，选择 3D 单精度求解器，确保高效准确。载入 mesh 格式的网格文件，使用 check 命令来检查网格，等待出现 Done 的字符，表明网格检查通过，确认网格的正确性，并排除网格错误。

在求解器的设置中，对于求解模型的定义，根据物理试验条件可以得出，流体为恒温运动，不可压缩的黏性流体，而且根据渗流结果可以看出，无砂混凝土板渗流处在层流到紊流的过渡区和紊流区范围内。所以流场的局部区域内可能会出现较大的梯度，选择湍流模型为标准 $k-\varepsilon$ 模型。关于渗流介质材料的设置：将无砂混凝土板渗流系统中的流体材料设置为水，温度为 23℃，流体密度为 998.2kg/m³，比热容 C_p 为 4182J/(kg·K) 等。在 Operating Conditions 中进行压强和重力的设置，将参考压力位置设置在无砂混凝土板渗流装置出口几何中心处，也就是坐标系中心点处位置。由于所计算问题涉及重力影响，因而设置重力影响。确定多孔介质的黏性阻力参数和惯性阻力参数，该参数的确定根据试验条件的压力和速度以及公式计算进行得出。

最后进行迭代计算，该步骤相当于无砂混凝土板进行渗流的过程。由于模型简单，所以，为了保证计算结果的可靠性，设置迭代次数。为了同试验数据进行比较弥补物理试验的不足，对模拟结果进行后处理。

4.6.4 无砂混凝土板渗流特性模拟结果与分析

为了分析无砂混凝土板渗流系统在特定压力水头下的速度和压强的变化，选取 $x=0$ 剖面的压力分布云图，以容重为 r_1 的无砂混凝土板的制作参数为例，选取压力水头为 $H=10$m 时的无砂混混凝土板渗流模拟结果，来分析无砂混凝土板渗流模型的压力变化特点，模拟结果如图 4.11 所示。

由图 4.11（a）可以看出无砂混凝土板渗流模型的压力变化与物理试验总体规律一致，最大压力都集中在无砂混凝土板与水面的接触面位置，而在其他位置

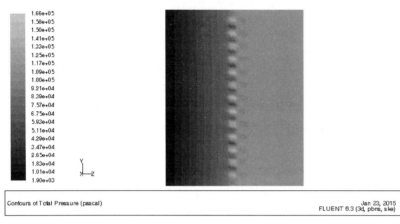

（a）水流压力分布云图

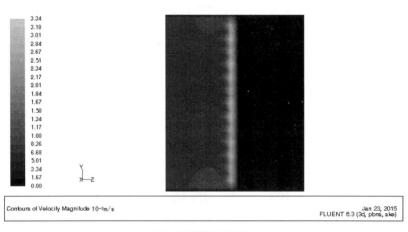

（b）水流速度分布云图

图 4.11　无砂混凝土板渗流模型的水流压力和速度分布云图（$x=0$ 剖面）

压力由沿水流方向逐渐降低，在出口处变为无压流。由图 4.11（b）可以看出模拟中渗流速度在无砂混凝土板与水流接触面水流速度最大，然后开始降低。

　　为了更加精确地得出在 z 方向的无砂混凝土板渗流时的水流压力和水流速度变化规律，选取图 4.11 分析无砂混凝土板渗流时的水流压力及流速分布，沿 z 方向做出无砂混凝土板渗流时的水流压力变化曲线，选取无砂混凝土板渗流系统中间及两边壁的压力曲线，模拟结果如图 4.12 所示。

　　由图 4.12 可以看出，在竖直渗流系统中无砂混凝土板顶面总压力变化微小，接近恒定，而在与水面的接触面压力迅速增大，在无砂混凝土板模型中接近线性变化，可以预测水流在遇到多孔介质时，过流面积突然减小，开始渗流位置的压力迅速升高，但是在进入无砂混凝土板介质后逐渐趋于稳定，最后自由流出。

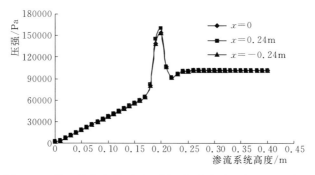

图 4.12 沿 z 轴方向的无砂混凝土板渗流时的水流压力变化

图 4.13 为渗流系统内部中心区域与边壁的压强差，可以看出在中心区域压强小于边壁压强，而在与水流的接触面，孔隙间的压强突然增大，迅速升高，所以出现了中心区域压强高的情况。

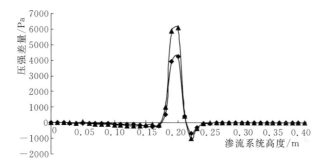

图 4.13 无砂混凝土板渗流系统中心与边壁的压力差量关系

而由图 4.14 可以看出，竖直渗流系统中，无砂混凝土板上方水流速度较小，几乎接近于 0，而在进入无砂混凝土板时的水流速度瞬间突然增大，然后再减小，由模拟数据可以看出多孔介质无砂混凝土板的渗流速度较为稳定，说明在模拟计算中，渗流是稳定的渗流。

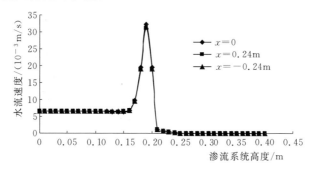

图 4.14 沿 z 轴方向的无砂混凝土板渗流时的水流速度变化

第5章 粗粒石作用下的无砂混凝土板渗流特性

5.1 单一粒径粗粒石对无砂混凝土板渗透能力的影响

根据 2.3.3 节试验方案 I，在工作水头为 $H=4.88\text{m}$ 和 $H=7.8\text{m}$ 时，分别分析在容重为 r_7 和容重为 r_8 的无砂混凝土板上铺设厚度为 60cm 的小粒径粗粒石、60cm 的中粒径粗粒石、60cm 的大粒径粗粒石条件下，无砂混凝土板的渗流量与工作水头的关系，试验结果如图 5.1 所示。

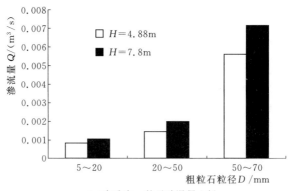

(a)容重为 r_7 的无砂混凝土板

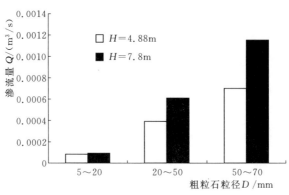

(b)容重为 r_8 的无砂混凝土板

图 5.1 渗流量在无砂混凝土板上铺设单一粒径的粗粒石条件下的柱形图

从图 5.1 中可以看出：粗粒石的粒径是影响无砂混凝土板渗流量的重要因素之一，其原因主要是由于在无砂混凝土板上铺设不同粒径的粗粒石后，不同粒径的粗粒石组成的多孔隙介质的孔隙大小不同，导致其渗流路径不一样，所以对无砂混凝土板的透水能力的影响不同。对于同一块无砂混凝土板，在同一工作水头下，随着粗粒石粒径的增大，其孔隙就越大，克服水流的阻力和摩擦力就越小；粗粒石粒径越大，粗粒石的比表面积（粗粒石的表面积与体积的比值）就越小，黏滞阻力就越小，渗流水头损失就越小，其渗流量就会明显增大。因此粗粒石的粒径越大，无砂混凝土板和粗粒石组成的渗流系统的渗流量就越大，其跟无砂混凝土板上不铺设粗粒石时的渗流量相差的就越少，其对无砂混凝土板透水能力的影响就越小。而且对比不同工作水头下的渗流量，对于容重 r_7 的无砂混凝土板，当工作水头 $H=4.88\text{m}$、$H=7.8\text{m}$ 时，小粒径粗粒石影响下的无砂混凝土板的渗流量分别为 $0.000807\text{m}^3/\text{s}$、$0.001035\text{m}^3/\text{s}$，中粒径粗粒石影响下的无砂混凝土板的渗流量分别为 $0.001437\text{m}^3/\text{s}$、$0.001967\text{m}^3/\text{s}$，大粒径粗粒石影响下的无砂混凝土板的渗流量分别为 $0.005623\text{m}^3/\text{s}$、$0.007154\text{m}^3/\text{s}$；对于容重为 r_8 的无砂混凝土板，当工作水头 $H=4.88\text{m}$、$H=7.8\text{m}$ 时，小粒径粗粒石影响下的无砂混凝土板的渗流量分别为 $0.00008139\text{m}^3/\text{s}$、$0.00009203\text{m}^3/\text{s}$，中粒径粗粒石影响下的无砂混凝土板的渗流量分别为 $0.000392\text{m}^3/\text{s}$、$0.00061\text{m}^3/\text{s}$，大粒径粗粒石影响下的无砂混凝土板的渗流量分别为 $0.000702\text{m}^3/\text{s}$、$0.001152\text{m}^3/\text{s}$；所以，对于容重为 r_7 的无砂混凝土板，当工作水头从 4.88m 增大到 7.8m 时，小粒径粗粒石影响下的无砂混凝土板渗流量增加的幅度约为 1.28 倍，中粒径粗粒石影响下的无砂混凝土板渗流量增加的幅度约为 1.37 倍，大粒径粗粒石影响下的无砂混凝土板渗流量增加的幅度约为 1.27 倍；对于容重为 r_8 的无砂混凝土板，当工作水头从 4.88m 增大到 7.8m 时，小粒径粗粒石影响下的无砂混凝土板渗流量增加的幅度约为 1.13 倍，中粒径粗粒石影响下的无砂混凝土板渗流量增加的幅度约为 1.56 倍，大粒径粗粒石影响下的无砂混凝土板渗流量增加的幅度约为 1.64 倍。由此可以看出，工作水头越大，粗粒石的粒径对容重大的无砂混凝土板的渗透能力的影响程度更大。除此之外，也可以从水力半径 R 的角度来解释粗粒石的粒径对无砂混凝土板渗透能力的影响。

水力半径 R 常用来表示水流通过介质的难易程度，表达式为 $R=\dfrac{A}{\chi}$，A 代表过水断面面积，χ 代表湿周（水体接触的边长），其值越大，水流越易通过介质，水流阻力就越小。因此，定义本试验研究中的粗粒石组成的孔隙介质的水力半径 R：

$$R=\frac{\text{箱体横截面过水断面面积}}{\text{孔隙介质粗粒石与水流接触的边长}} \qquad (5.1)$$

如图 5.2 所示，在横截面粗粒石个数为"$m \times n$"的长方体排列孔隙介质中，粗粒石（标准粒径 d）与水流的接触周长为：$mn \times \pi d$，箱体横截面过水断面面积为：$mnd^2 - mn\pi(d/2)^2$。

$$R = \frac{\text{箱体横截面过水断面面积}}{\text{孔隙介质粗粒石与水流接触的边长}}$$

$$= \frac{mnd^2 - mn \times \pi\left(\frac{d}{2}\right)^2}{mn \times \pi d} = \frac{d\left(1 - \frac{\pi}{4}\right)}{\pi} \tag{5.2}$$

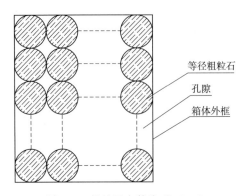

图 5.2　粗粒石个数为"$m \times n$"
的模型横截面图

等径粗粒石
孔隙
箱体外框

由式（5.2）可见，随着粗粒石粒径的增大，水力半径 R 逐渐增大，表明水流越容易通过粗粒石介质，水流的摩擦阻力就越小，过流能力就越强，从而其渗流量就越大，因而其对无砂混凝土板渗透能力的影响就越小。

综上两个方面的分析，可以得出：同一工作水头下，对于同一块无砂混凝土板而言，粗粒石的粒径越大，其对无砂混凝土板渗透能力的影响就越小。

无砂混凝土板和单一粒径的粗粒石组成的渗流系统在实际工程中的适用条件为：河道或水库内不是只布置了一种由无砂混凝土板组成的多孔介质来进行渗流取水，而是在无砂混凝土板上再铺设了由单一粒径的粗粒石组成的多孔介质层，它可以在水流较急的河道内保护无砂混凝土板，而且与只由无砂混凝土板组成的渗流系统相比，过滤效果更好，过滤出来的水比较安全。所以利用无砂混凝土板和一些渗水粗粒石组合而成一个整体的渗流系统，来满足工程的渗流取排水要求。

5.2　三种不同粒径粗粒石两两排列组合分布对无砂混凝土板渗透能力的影响

5.2.1　两两排列组合下的无砂混凝土板渗流特性分析

根据 2.3.3 节的试验方案Ⅱ，分别分析在容重为 r_7 和 r_8 的无砂混凝土板上，分两层均匀铺设总厚度为 60cm 的由小粒径粗粒石、中粒径粗粒石、大粒径粗粒石两两排列组合而成的透水层时，其渗流量与工作压力水头的关系，试验结果如图 5.3 所示。图 5.3 中各曲线所代表的工况以及各曲线拟合关系式见表 5.1 和表 5.2。

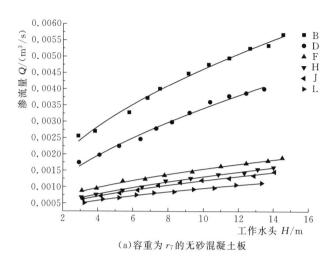

（a）容重为 r_7 的无砂混凝土板

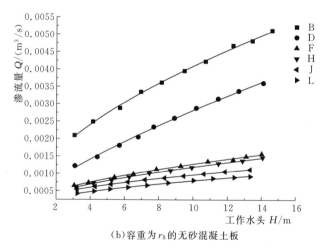

（b）容重为 r_8 的无砂混凝土板

图 5.3　在无砂混凝土板上铺设两种粗粒石的条件下的渗流量与
工作水头的关系曲线图

表 5.1　　图 5.3（a）中各曲线所代表的工况以及各曲线拟合关系式

曲线名称	曲线所代表的工况	曲线拟合关系式
B	容重为 r_7 的无砂混凝土板上沿水流方向依次铺设 30cm 的中粒径粗粒石和 30cm 的大粒径粗粒石	拟合公式 $Q=0.00137H^{0.529}$，相关系数 $R^2=0.99081$
D	容重为 r_7 的无砂混凝土板上沿水流方向依次铺设 30cm 的大粒径粗粒石和 30cm 的中粒径粗粒石	拟合公式 $Q=8.43\times10^{-4}H^{0.607}$，相关系数 $R^2=0.98775$
F	容重为 r_7 的无砂混凝土板上沿水流方向依次铺设 30cm 的小粒径粗粒石和 30cm 的大粒径粗粒石	拟合公式 $Q=4.81\times10^{-4}H^{0.506}$，相关系数 $R^2=0.99469$

续表

曲线名称	曲线所代表的工况	曲线拟合关系式
H	容重为 r_7 的无砂混凝土板上沿水流方向依次铺设 30cm 的大粒径粗粒石和 30cm 的小粒径粗粒石	拟合公式 $Q=3.47\times10^{-4}H^{0.576}$，相关系数 $R^2=0.99251$
J	容重为 r_7 的无砂混凝土板上沿水流方向依次铺设 30cm 的小粒径粗粒石和 30cm 的中粒径粗粒石	拟合公式 $Q=3.21\times10^{-4}H^{0.569}$，相关系数 $R^2=0.99198$
L	容重为 r_7 的无砂混凝土板上沿水流方向依次铺设 30cm 的中粒径粗粒石和 30cm 的小粒径粗粒石	拟合公式 $Q=2.72\times10^{-4}H^{0.545}$，相关系数 $R^2=0.99343$

表 5.2　　图 3.5（b）中各曲线所代表的工况以及各曲线拟合关系式

曲线名称	曲线所代表的工况	曲线拟合关系式
B	容重为 r_8 的无砂混凝土板上沿水流方向依次铺设 30cm 的中粒径粗粒石和 30cm 的大粒径粗粒石	拟合公式 $Q=0.00108H^{0.578}$，相关系数 $R^2=0.99691$
D	容重为 r_8 的无砂混凝土板上沿水流方向依次铺设 30cm 的大粒径粗粒石和 30cm 的中粒径粗粒石	拟合公式 $Q=4.96\times10^{-4}H^{0.755}$，相关系数 $R^2=0.99742$
F	容重为 r_8 的无砂混凝土板上沿水流方向依次铺设 30cm 的小粒径粗粒石和 30cm 的大粒径粗粒石	拟合公式 $Q=3.34\times10^{-4}H^{0.582}$，相关系数 $R^2=0.9967$
H	容重为 r_8 的无砂混凝土板上沿水流方向依次铺设 30cm 的大粒径粗粒石和 30cm 的小粒径粗粒石	拟合公式 $Q=3.05\times10^{-4}H^{0.59}$，相关系数 $R^2=0.9969$
J	容重为 r_8 的无砂混凝土板上沿水流方向依次铺设 30cm 的小粒径粗粒石和 30cm 的中粒径粗粒石	拟合公式 $Q=2.93\times10^{-4}H^{0.517}$，相关系数 $R^2=0.99557$
L	容重为 r_8 的无砂混凝土板上沿水流方向依次铺设 30cm 的中粒径粗粒石和 30cm 的小粒径粗粒石	拟合公式 $Q=2.16\times10^{-4}H^{0.565}$，相关系数 $R^2=0.99498$

　　根据各工况下拟合出的渗流量和工作水头的关系式以及相关系数，可以得出各工况下的渗流量与工作水头呈幂函数，相关系数都达到了 0.99 以上，说明可靠性高。

　　从图 5.3 中可以看出：对同一块无砂混凝土板而言，在同一工作水头下，各个工况下的渗流量都不一样，说明不同粒径的粗粒石对无砂混凝土板的透水能力的影响都不同。当无砂混凝土板上铺设的粗粒石为大粒径粗粒石和中粒径粗粒石时，铺设顺序不同，其渗流量相差较大，说明大粒径和中粒径粗粒石的铺设方式对无砂混凝土板的透水能力的影响较大；当铺设的粗粒石为中粒径粗粒石、小粒径粗粒石和大粒径粗粒石、小粒径粗粒石时，铺设顺序不同，渗流量相差不大，说明该种组合方式对无砂混凝土板的透水能力的影响不大。因此，当无砂混凝土板上铺设的粗粒石为大粒径粗粒石和中粒径粗粒石时，其渗流量远大于铺设的粗粒石为中粒径粗粒石、小粒径粗粒石和大粒径粗粒石、小粒径粗粒石时的渗流量。应用时，可根据实际工程情况选择相应粒径的粗粒石铺设方式。

在无砂混凝土板上分两层铺设两种粒径的粗粒石时，在一层粗粒石的粒径相同条件下，有四种铺设情况，分别为曲线 B、D、J、L 代表的工况，定义 Q_i 为各个曲线代表的工况下的渗流量：分别对比曲线 B、L 和 D、J，对于同一块无砂混凝土板，在同一工作水头下，$Q_B > Q_L$，$Q_D > Q_J$，得出粗粒石的粒径越大，渗流量越大，对无砂混凝土板的渗透能力的影响就越小；对比曲线 B、D 和 J、L，$Q_B > Q_D$，$Q_J > Q_L$，得出相同的两种粗粒石，但铺设顺序不同情况下，粗粒石粒径沿渗流方向越大时，渗流量就越大，其对无砂混凝土板的渗透能力的影响就越小。

分别对比曲线 D、H 与 D、B 以及 H、L 与 H、F，定义：曲线 D 代表的工况下的渗流量为 Q_1，曲线 B 代表的工况下的渗流量为 Q_2，曲线 H 代表的工况下的渗流量为 Q_3，$\delta = Q_2 - Q_1$，$\zeta = |Q_3 - Q_1|$；曲线 F 代表的工况下的渗流量为 Q_4，曲线 L 代表的工况下的渗流量为 Q_5，$\Omega = Q_4 - Q_3$，$\psi = |Q_5 - Q_3|$。

（1）对于容重为 r_7 的无砂混凝土板，当工作水头为 3m 时，$\delta = 0.0008 \text{m}^3/\text{s}$，$\zeta = 0.0009 \text{m}^3/\text{s}$，$\Omega = 0.0001 \text{m}^3/\text{s}$，$\psi = 0.0002 \text{m}^3/\text{s}$，则 $\delta < \zeta$，$\Omega < \psi$；当工作水头为 13m 时，$\delta = 0.0013 \text{m}^3/\text{s}$，$\zeta = 0.0025 \text{m}^3/\text{s}$，$\Omega = 0.0003 \text{m}^3/\text{s}$，$\psi = 0.0004 \text{m}^3/\text{s}$，则 $\delta < \zeta$，$\Omega < \psi$。

（2）对于容重为 r_8 的无砂混凝土板，当工作水头为 3m 时，$\delta = 0.0004 \text{m}^3/\text{s}$，$\zeta = 0.0005 \text{m}^3/\text{s}$，$\Omega = 0.0001 \text{m}^3/\text{s}$，$\psi = 0.0002 \text{m}^3/\text{s}$，则 $\delta < \zeta$，$\Omega < \psi$；当工作水头为 13m 时，$\delta = 0.0014 \text{m}^3/\text{s}$，$\zeta = 0.0020 \text{m}^3/\text{s}$，$\Omega = 0.0001 \text{m}^3/\text{s}$，$\psi = 0.0005 \text{m}^3/\text{s}$，则 $\delta < \zeta$，$\Omega < \psi$。

结合（1）和（2）的数据计算结果可以判断出：粗粒石粒径变化引起的渗流量的变化明显大于粗粒石铺设顺序引起的渗流量的变化，即粗粒石的粒径对无砂混凝土板渗透能力的影响大于铺设顺序。

通过对渗流流速 v 和水力坡降 J 的拟合，分析水流在无砂混凝土板和两种粗粒石组成的渗流系统中的渗流流态。分析结果如图 5.4 所示。

从图 5.4 中拟合出的渗流流速与水力坡降的关系式中，看出幂指数都在 0.5～1 范围内，根据水力学理论，可以判断出本试验工况下的渗流流态都为层流向紊流的过渡区内。同时根据图 5.4 中拟合出的关系曲线可以看出：当无砂混凝土板上铺设的粗粒石中没有大粒径粗粒石的情况下，渗流流速与水力坡降的关系曲线较为平缓，说明随着水力坡降的增大，渗流流速的增幅不大。

5.2.2 两两排列组合下的无砂混凝土板渗流能力及经验公式

由图 5.3（a）各个工况下拟合出的渗流量与工作水头的关系式，可计算出

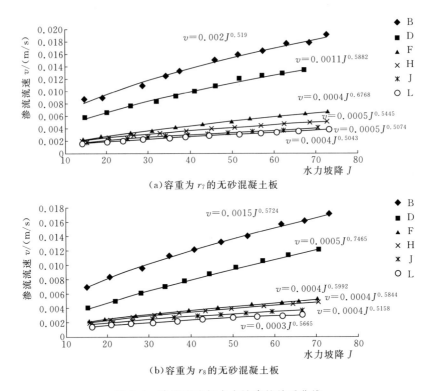

(a)容重为 r_7 的无砂混凝土板

(b)容重为 r_8 的无砂混凝土板

图 5.4　渗流流速与水力坡降的关系曲线

各个工况下容重为 r_7 的无砂混凝土板每平方米每日的渗流量与工作水头的经验公式，见式（5.3）～式（5.8）。

沿水流方向依次铺设 30cm 的中粒径粗粒石和 30cm 的大粒径粗粒石：

$$Q = 394.56H^{0.529} \tag{5.3}$$

沿水流方向依次铺设 30cm 的大粒径粗粒石和 30cm 的中粒径粗粒石：

$$Q = 242.784H^{0.607} \tag{5.4}$$

沿水流方向依次铺设 30cm 的小粒径粗粒石和 30cm 的大粒径粗粒石：

$$Q = 138.53H^{0.506} \tag{5.5}$$

沿水流方向依次铺设 30cm 的大粒径粗粒石和 30cm 的小粒径粗粒石：

$$Q = 99.94H^{0.576} \tag{5.6}$$

沿水流方向依次铺设 30cm 的小粒径粗粒石和 30cm 的中粒径粗粒石：

$$Q = 92.45H^{0.569} \tag{5.7}$$

沿水流方向依次铺设 30cm 的大粒径粗粒石和 30cm 的小粒径粗粒石：

$$Q = 78.34H^{0.545} \tag{5.8}$$

由图 5.3（b）各个工况下拟合出的渗流量与工作水头的关系式，可计算出

各个工况下容重为 r_8 的每平方米无砂混凝土板每日的渗流量与工作水头的经验公式，见式（5.9）～式（5.14）。

沿水流方向依次铺设 30cm 的中粒径粗粒石和 30cm 的大粒径粗粒石：

$$Q = 311.04H^{0.578} \tag{5.9}$$

沿水流方向依次铺设 30cm 的大粒径粗粒石和 30cm 的中粒径粗粒石：

$$Q = 142.85H^{0.755} \tag{5.10}$$

沿水流方向依次铺设 30cm 的小粒径粗粒石和 30cm 的大粒径粗粒石：

$$Q = 96.19H^{0.582} \tag{5.11}$$

沿水流方向依次铺设 30cm 的大粒径粗粒石和 30cm 的小粒径粗粒石：

$$Q = 87.84H^{0.59} \tag{5.12}$$

沿水流方向依次铺设 30cm 的小粒径粗粒石和 30cm 的中粒径粗粒石：

$$Q = 84.38H^{0.517} \tag{5.13}$$

沿水流方向依次铺设 30cm 的大粒径粗粒石和 30cm 的小粒径粗粒石：

$$Q = 62.21H^{0.565} \tag{5.14}$$

无砂混凝土板在铺设两种粒径的粗粒石后的渗流系统在实际工程中的适用条件为：河道或水库内不是只布置了一种由无砂混凝土板组成的多孔介质来进行渗流取排水，而是在无砂混凝土板上再铺设了由两种不同的粗粒石组成的多孔介质层，它可以在水流较急的河道内保护无砂混凝土板，而且它跟单一粒径的粗粒石和无砂混凝土板组成的渗流系统相比，前者比后者能多过滤一种杂质，起到比后者多一级的过滤效果，这样过滤出来的水更为安全，水质问题更加得以改善。所以可以利用无砂混凝土板和一些渗水粗粒石组合而成一个整体的渗流系统，来满足工程的渗流取排水要求。

5.3 三种不同粒径粗粒石全排列组合分布对无砂混凝土板的渗透能力的影响

5.3.1 三种排列组合下的无砂混凝土板渗流特性分析

根据 2.3.3 节的试验方案Ⅲ，分别分析在容重为 r_7 和容重为 r_8 的无砂混凝土板上，分三层均匀铺设总厚度为 60cm 的由小粒径粗粒石、中粒径粗粒石、大粒径粗粒石排列组合而成的透水层时，其渗流量与工作水头的关系，试验结果如图 5.5 所示。

根据各工况下拟合出的渗流量与工作水头的关系式和相关系数，可以得出各工况下的渗流量与工作水头呈幂函数关系，相关系数都达到了 0.96 以上，说明可靠性高。

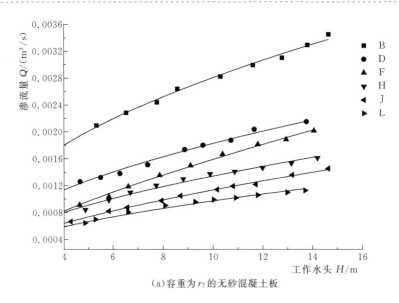

(a)容重为 r_7 的无砂混凝土板

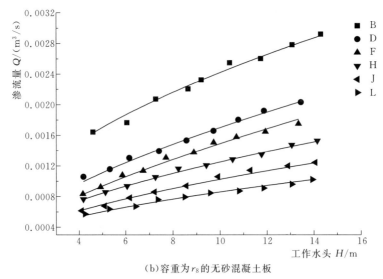

(b)容重为 r_8 的无砂混凝土板

图 5.5　在无砂混凝土板上铺设三种粗粒石的条件下的关系曲线图

表 5.3　　图 5.5 (a) 中各曲线所代表的工况以及各曲线拟合关系式

曲线名称	曲线所代表的工况	曲线拟合关系式
B	容重为 r_7 的无砂混凝土板上沿水流方向依次均匀铺设 20cm 小粒径粗粒石、中粒径粗粒石和大粒径粗粒石	拟合公式 $Q=9.21\times10^{-4}H^{0.518}$，相关系数 $R^2=0.99572$
D	容重为 r_7 的无砂混凝土板上沿水流方向依次均匀铺设 20cm 中粒径粗粒石、小粒径粗粒石和大粒径粗粒石	拟合公式 $Q=5.55\times10^{-4}H^{0.518}$，相关系数 $R^2=0.997$

续表

曲线名称	曲线所代表的工况	曲线拟合关系式
F	容重为 r_7 的无砂混凝土板上沿水流方向依次均匀铺设 20cm 小粒径粗粒石、大粒径粗粒石和中粒径粗粒石	拟合公式 $Q=3.05\times10^{-4}H^{0.717}$，相关系数 $R^2=0.99719$
H	容重为 r_7 的无砂混凝土板上沿水流方向依次均匀铺设 20cm 大粒径粗粒石、小粒径粗粒石和中粒径粗粒石	拟合公式 $Q=3.69\times10^{-4}H^{0.56}$，相关系数 $R^2=0.98802$
J	容重为 r_7 的无砂混凝土板上沿水流方向依次均匀铺设 20cm 中粒径粗粒石、大粒径粗粒石和小粒径粗粒石	拟合公式 $Q=2.7\times10^{-4}H^{0.624}$，相关系数 $R^2=0.99767$
L	容重为 r_7 的无砂混凝土板上沿水流方向依次均匀铺设 20cm 大粒径粗粒石、中粒径粗粒石和小粒径粗粒石	拟合公式 $Q=2.77\times10^{-4}H^{0.546}$，相关系数 $R^2=0.9841$

表 5.4　　　图 5.5（b）中各曲线所代表的工况以及各曲线拟合关系式

曲线名称	曲线所代表的工况	曲线拟合关系式
B	容重为 r_8 的无砂混凝土板上沿水流方向依次均匀铺设 20cm 小粒径粗粒石、中粒径粗粒石和大粒径粗粒石	拟合公式 $Q=7.52\times10^{-4}H^{0.508}$，相关系数 $R^2=0.968$
D	容重为 r_8 的无砂混凝土板上沿水流方向依次均匀铺设 20cm 中粒径粗粒石、小粒径粗粒石和大粒径粗粒石	拟合公式 $Q=4.13\times10^{-4}H^{0.614}$，相关系数 $R^2=0.9872$
F	容重为 r_8 的无砂混凝土板上沿水流方向依次均匀铺设 20cm 小粒径粗粒石、大粒径粗粒石和中粒径粗粒石	拟合公式 $Q=3.18\times10^{-4}H^{0.671}$，相关系数 $R^2=0.98$
H	容重为 r_8 的无砂混凝土板上沿水流方向依次均匀铺设 20cm 大粒径粗粒石、小粒径粗粒石和中粒径粗粒石	拟合公式 $Q=3.39\times10^{-4}H^{0.567}$，相关系数 $R^2=0.9816$
J	容重为 r_8 的无砂混凝土板上沿水流方向依次均匀铺设 20cm 中粒径粗粒石、大粒径粗粒石和小粒径粗粒石	拟合公式 $Q=2.82\times10^{-4}H^{0.56}$，相关系数 $R^2=0.98$
L	容重为 r_8 的无砂混凝土板上沿水流方向依次均匀铺设 20cm 大粒径粗粒石、中粒径粗粒石和小粒径粗粒石	拟合公式 $Q=2.64\times10^{-4}H^{0.513}$，相关系数 $R^2=0.98181$

　　从图 5.5 中可以看出：对于同一块无砂混凝土板而言，在同一工作水头下，每个工况下的渗流量都不同，说明粗粒石的铺设顺序对无砂混凝土板渗透能力有影响，其主要原因是粗粒石的粒径和粗粒石的铺设顺序都可以影响无砂混凝土板的渗流过水能力，由于本试验组中选用的粗粒石一样，所以粗粒石的铺设顺序是本试验组影响无砂混凝土板渗透能力的主要因素。粗粒石的铺设顺序不同，无砂混凝土板和粗粒石组成的渗流系统内部水流路径不同，水流在渗流系统内部渗透的难易程度就不同，所以渗流量就不一样。沿水流方向当粗粒石的粒径越来越大

时，其渗流量就越来越大，即其对无砂混凝土板透水能力的影响越来越小。在曲线 B 代表的工况下，其渗流量明显大于其他几个工况下的渗流量，而其他几个工况下的渗流量相差不大，说明该种粗粒石铺设顺序对无砂混凝土板透水能力的影响明显小于其他几种铺设顺序，其他几种铺设顺序对无砂混凝土板透水能力的影响相差不大。

通过对渗流流速 v 和水力坡降 J 的拟合，分析水流在无砂混凝土板和三种粗粒石组成的渗流系统中的渗流流态。分析结果如图 5.6 所示。

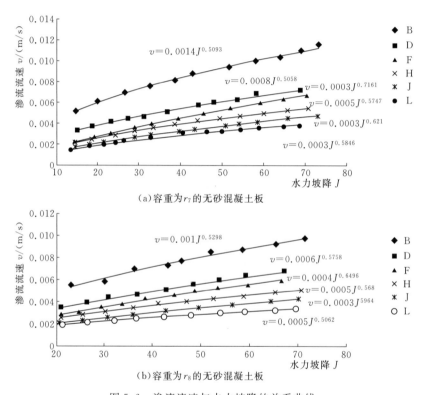

图 5.6　渗流流速与水力坡降的关系曲线

由图 5.6 中拟合出的渗流流速与水力坡降的关系式可以看出其幂指数都在 $0.5\sim1$ 之间，根据水力学理论，可以判断出本试验工况下的渗流流态都在层流向紊流的过渡区内。从图 5.6 中还可以看出，对于同一块无砂混凝土板，渗流流速与渗流水力坡降呈正相关关系。

5.3.2　三种排列组合下的无砂混凝土板渗流能力及经验公式

由图 5.5（a）各个工况下拟合出的渗流量与工作水头的关系式，可计算出各个工况下容重为 r_7 的每平方米无砂混凝土板每日的渗流量与工作水头的经验公式，见式（5.15）～式（5.20）。

无砂混凝土板上沿水流方向依次均匀铺设 20cm 的小粒径粗粒石、中粒径粗粒石和大粒径粗粒石：

$$Q = 265.25H^{0.518} \qquad (5.15)$$

无砂混凝土板上沿水流方向依次均匀铺设 20cm 的中粒径粗粒石、小粒径粗粒石和大粒径粗粒石：

$$Q = 159.84H^{0.518} \qquad (5.16)$$

无砂混凝土板上沿水流方向依次均匀铺设 20cm 的小粒径粗粒石、大粒径粗粒石和中粒径粗粒石：

$$Q = 87.84H^{0.717} \qquad (5.17)$$

无砂混凝土板上沿水流方向依次均匀铺设 20cm 的大粒径粗粒石、小粒径粗粒石和中粒径粗粒石：

$$Q = 106.27H^{0.56} \qquad (5.18)$$

无砂混凝土板上沿水流方向依次均匀铺设 20cm 的中粒径粗粒石、大粒径粗粒石和小粒径粗粒石：

$$Q = 77.76H^{0.624} \qquad (5.19)$$

无砂混凝土板上沿水流方向依次均匀铺设 20cm 的大粒径粗粒石、中粒径粗粒石和小粒径粗粒石：

$$Q = 79.78H^{0.546} \qquad (5.20)$$

由图 5.5（b）各个工况下拟合出的渗流量与工作水头的关系式，可计算出各个工况下容重 r_8 的每平方米无砂混凝土板每日的渗流量与工作水头的经验公式，见式（5.21）～式（5.26）。

无砂混凝土板上沿水流方向依次均匀铺设 20cm 的小粒径粗粒石、中粒径粗粒石和大粒径粗粒石：

$$Q = 216.58H^{0.508} \qquad (5.21)$$

无砂混凝土板上沿水流方向依次均匀铺设 20cm 的中粒径粗粒石、小粒径粗粒石和大粒径粗粒石：

$$Q = 118.94H^{0.614} \qquad (5.22)$$

无砂混凝土板上沿水流方向依次均匀铺设 20cm 的小粒径粗粒石、大粒径粗粒石和中粒径粗粒石：

$$Q = 91.58H^{0.671} \qquad (5.23)$$

无砂混凝土板上沿水流方向依次均匀铺设 20cm 的大粒径粗粒石、小粒径粗粒石和中粒径粗粒石：

$$Q = 97.63H^{0.567} \qquad (5.24)$$

无砂混凝土板上沿水流方向依次均匀铺设 20cm 的中粒径粗粒石、大粒径粗粒石和小粒径粗粒石：

$$Q = 81.22 H^{0.56} \tag{5.25}$$

无砂混凝土板上沿水流方向依次均匀铺设 20cm 的大粒径粗粒石、中粒径粗粒石和小粒径粗粒石：

$$Q = 76.03 H^{0.513} \tag{5.26}$$

无砂混凝土板在铺设三种粒径粗粒石后的渗流系统在实际工程中的适用条件为：河道或水库内不是只布置了一种由无砂混凝土板组成的多孔介质来进行渗流取排水，而是在无砂混凝土板上再铺设了由三种不同的粗粒石组成的多孔介质层，它可以在水流较急的河道内保护无砂混凝土板，所以利用无砂混凝土板和一些渗水粗粒石组合而成一个整体的渗流系统，来满足工程的渗流取排水要求。

5.4　量纲分析法建立粗粒石作用下的无砂混凝土板渗流量方程

在容重为 r_7 的无砂混凝土板上铺设单一粒径的粗粒石、两种粒径的粗粒石、三种粒径的粗粒石，可以反映出粗粒石的铺设厚度不一样，因此根据上述的试验再结合理论分析可以得出不同粒径粗粒石施工工艺对无砂混凝土板的渗透能力的影响与工作水头 H、水的密度 ρ、水的黏度 η、粗粒石的粒径 d、重力加速度 g、粗粒石的铺设厚度 L 等因素有关。

量纲分析法是一种数学分析方法，也可叫做因次分析法，通过量纲分析，可以正确地分析各变量之间的关系。本节将通过量纲分析，结合 π 定理推算出粗粒石作用下的无砂混凝土板的渗流量方程。

定义一般函数关系式：$Q = f(\rho, g, \eta, H, d, L)$　　　　（5.27）

上式共有 7 个物理量，其中自变量为 6 个（$K=6$）。把 ρ、g、H 三个物理量当做基本物理量，则式（5.27）可以用 4 个物理量纲数组成的关系式来表达。这 4 个物理量纲数（π）为

$$\pi = \frac{Q}{\rho^x g^y H^z} \tag{5.28}$$

$$\pi_4 = \frac{d}{\rho^{x_4} g^{y_4} H^{z_4}} \tag{5.29}$$

$$\pi_5 = \frac{L}{\rho^{x_5} g^{y_5} H^{z_5}} \tag{5.30}$$

$$\pi_6 = \frac{\eta}{\rho^{x_6} g^{y_6} H^{z_6}} \tag{5.31}$$

因为选择了 ρ、g、H 为基本物理量，由它们所组成的无量纲数均等于 1，即 $\pi_1=\pi_2=\pi_3$，因为 π、π_4、π_5、π_6 均为无量纲数，式（5.28）～式（5.31）的

右端，分子与分母的量纲相同。由式（5.28）可得

$$\mathrm{dim}Q = \mathrm{dim}\ (\rho^x g^y H^z)$$

将上式各物理量的量纲用基本量纲 L、T、M 来表示，则有

$$[\mathrm{L^3T^{-1}}] = [\mathrm{ML^{-3}}]^x\ [\mathrm{LT^{-2}}]^y\ [\mathrm{L}]^z$$

通过待定系数法，对 L 来说：$3 = -3x + y + z$；对 T 来说：$-1 = -2y$；对 M 来说：$0 = x$

解得：$x = 0$、$y = 1/2$、$z = 5/2$，代入式（5.28），可得

$$\pi = \frac{Q}{g^{1/2}H^{5/2}} \tag{5.32}$$

同理，由式（5.29）可得

$$\mathrm{dim}d = \mathrm{dim}\ (\rho^x g^y H^z)$$

将上式各物理量的量纲用 L，T，M 来表示，则有

$$[\mathrm{L}] = [\mathrm{ML^{-3}}]^{x_4}\ [\mathrm{LT^{-2}}]^{y_4}\ [\mathrm{L}]^{z_4}$$

通过待定系数法，对 L 来说：$1 = -3x_4 + y_4 + z_4$；对 T 来说：$0 = -2y_4$；对 M 来说：$0 = x_4$

解得：$x_4 = 0$、$y_4 = 0$、$z = 1$，代入式（5.29），可得

$$\pi_4 = \frac{d}{H} \tag{5.33}$$

同理，由式（5.30）可得

$$\mathrm{dim}L = \mathrm{dim}\ (\rho^x g^y H^z)$$

将上式各物理量的量纲用 L，T，M 来表示，则有

$$[\mathrm{L}] = [\mathrm{ML^{-3}}]^{x_5}\ [\mathrm{LT^{-2}}]^{y_5}\ [\mathrm{L}]^{z_5}$$

上式两边相同的量纲指数相等，可列方程组：

$$\begin{cases} 1 = -3x_5 + y_5 + z_5 \\ 0 = -2y_5 \\ 0 = x_5 \end{cases}$$

解得代入上式可得

$$\pi_5 = \frac{L}{H} \tag{5.34}$$

同理，由式（5.31）可得出量纲式为

$$[\mathrm{ML^{-1}T^{-1}}] = [\mathrm{ML^{-3}}]^x_6\ [\mathrm{LT^{-2}}]^y_6\ [\mathrm{L}]^z_6$$

由联立得到的方程组解得：$x_5 = 0$、$y_5 = 0$、$z_5 = 1$ 代入式（5.31）可得

$$\pi_6 = \frac{\eta}{\rho g^{1/2}H^{3/2}} = \frac{\nu}{g^{1/2}H^{3/2}} \tag{5.35}$$

根据 π 定理，可用 π、π_1、π_2、π_3、π_4、π_5、π_6 组成无量纲数的关系式为：$\pi = f(1, 1, 1, \pi_4, \pi_5, \pi_6)$ 将式（5.32）～式（5.35）代入式（5.27）。

即
$$\frac{Q}{g^{1/2}H^{5/2}} = f\left(\frac{d}{H}, \frac{L}{H}, \frac{\nu}{g^{1/2}H^{3/2}}\right)$$

最终可得到：
$$Q = f\left(\frac{d}{H}, \frac{L}{H}, \frac{\nu}{g^{1/2}H^{3/2}}\right)g^{1/2}H^{5/2}$$

令
$$\varphi = f\left(\frac{d}{H}, \frac{L}{H}, \frac{\nu}{g^{1/2}H^{3/2}}\right)$$

则
$$Q = \varphi g^{1/2}H^{5/2} \qquad (5.36)$$

式（5.36）即为采用量纲分析的方法得到的粗粒石作用下的无砂混凝土板的渗流量方程，φ 叫做渗流系数，由该式可以看出渗流量的大小跟工作水头 H、水的密度 ρ、水的黏度 η、粗粒石的粒径 d、重力加速度 g、粗粒石的铺设厚度 L 等因素有关，即铺设粗粒石对无砂混凝土板的渗透能力的影响与这些因素有关，且这些因素可以通过试验得到。该渗流量方程包含了铺设粗粒石对无砂混凝土板的渗透能力的影响因素，因此该渗流量方程可以用来定性地分析粗粒石和无砂混凝土板组成的渗流系统的渗流量与工作水头、粗粒石的粒径、粗粒石的铺设厚度等影响因素之间的关系，为工程应用提供一定的参考依据。通过试验得出不同工况下的渗流系数 φ 与工作水头的关系曲线，如图 5.7 所示。选取几种特定的工作水头，将试验测得的渗流量值与公式计算得出的渗流量值进行对比验算，见表 5.5~表 5.7。

表 5.5 为通过单一粒径粗粒石的拟合公式计算得到的渗流量与试验得到的渗流量的对比验算结果，可以看出，最大相对误差不超过 7.5%，说明该拟合关系式是正确的。

表 5.6 为通过三种不同粒径粗粒石两两组合的拟合公式计算得到的渗流量与试验得到的渗流量的对比验算结果，可以看出，最大相对误差不超过 12.1%，说明该拟合关系式是正确的。

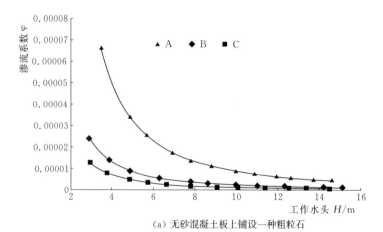

(a) 无砂混凝土板上铺设一种粗粒石

图 5.7（一）　渗流系数随工作水头的变化关系

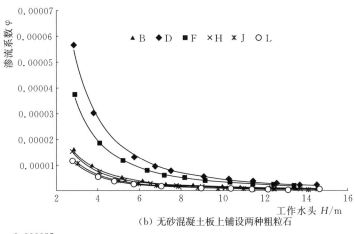

（b）无砂混凝土板上铺设两种粗粒石

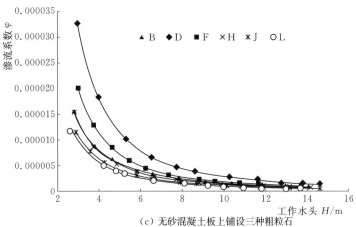

（c）无砂混凝土板上铺设三种粗粒石

图 5.7（二） 渗流系数随工作水头的变化关系

表 5.5　　　　　　　单一粗粒石中 φ 与 H 之间的拟合关系式及误差分析

曲线所代表工况	拟合公式	工作水头	理论流量值	实际流量值	相对误差/%
A：无砂混凝土板上沿水流方向铺设 60cm 大粒径粗粒石	$\varphi=0.0007\,H^{-1.9123}$，$R^2=0.9994$	4.88	0.005562825	0.00562342	1.1%
		8.79	0.007861281	0.007756974	1.3%
		12.63	0.009727603	0.009903206	1.8%
B：无砂混凝土板上沿水流方向铺设 60cm 中粒径粗粒石	$\varphi=0.0002H^{-1.9185}$，$R^2=0.9998$	3.87	0.001375298	0.001288575	6.7%
		7.8	0.002067264	0.001966535	5.1%
		12.28	0.002691608	0.002502673	7.5%
C：无砂混凝土板上沿水流方向铺设 60cm 小粒径粗粒石	$\varphi=0.0001H^{-1.9338}$，$R^2=0.9995$	2.9	0.000572035	0.000559425	2.3%
		7.8	0.001001652	0.001035427	3.3%
		13.38	0.001359604	0.001386173	1.9%

表 5.6　　　　两种粗粒石中 φ 与 H 之间的拟合关系式及误差分析

曲线所代表工况	拟合公式	工作水头	理论流量值	实际流量值	相对误差/%
B：无砂混凝土板上沿水流方向铺设 30cm 中粒径粗粒石和 30cm 大粒径粗粒石	$\varphi=0.0004H^{-1.981}$，$R^2=0.9992$	3.83	0.00251393	0.002704	7.0%
		9.13	0.003946003	0.004484	12.0%
		13.69	0.004869299	0.005341	8.9%
D：无砂混凝土板上沿水流方向铺设 30cm 大粒径粗粒石和 30cm 中粒径粗粒石	$\varphi=0.0003H^{-1.9118}$，$R^2=0.9987$	2.92	0.001763894	0.001743	1.2%
		8.21	0.003240044	0.002984	8.6%
		12.42	0.004133297	0.003875	6.7%
F：无砂混凝土板上沿水流方向铺设 30cm 小粒径粗粒石和 30cm 大粒径粗粒石	$\varphi=0.0001H^{-1.8232}$，$R^2=0.9993$	2.86	0.000637502	0.000675716	5.7%
		7.28	0.001199785	0.00126746	5.3%
		13.5	0.001822313	0.001912408	4.7%
H：无砂混凝土板上沿水流方向铺设 30cm 大粒径粗粒石和 30cm 小粒径粗粒石	$\varphi=0.0001H^{-1.9555}$，$R^2=0.9997$	2.8	0.000548391	0.000613156	10.6%
		7.81	0.000958653	0.001091476	12.1%
		13.73	0.001303391	0.001470765	11.4%
J：无砂混凝土板上沿水流方向铺设 30cm 小粒径粗粒石和 30cm 中粒径粗粒石	$\varphi=0.0001H^{-1.9926}$，$R^2=0.9997$	3.04	0.00055033	0.0005403	1.9%
		6.83	0.000829847	0.0008377	0.9%
		14.13	0.001200038	0.0012310	2.5%
L：无砂混凝土板上沿水流方向铺设 30cm 中粒径粗粒石和 30cm 小粒径粗粒石	$\varphi=0.00009H^{-1.9957}$，$R^2=0.9997$	2.8	0.000473541	0.000491061	3.6%
		8.93	0.000849904	0.000837682	1.5%
		13.19	0.001034654	0.001058145	2.2%

表 5.7　　　　三种粗粒石中 φ 与 H 之间的拟合关系式及误差分析

曲线所代表工况	拟合公式	工作水头	理论流量值	实际流量值	相对误差/%
B：无砂混凝土板上沿水流方向均匀铺设 20cm 小、中和大粒径粗粒石	$\varphi=0.0003H^{-2.0207}$，$R^2=0.9999$	2.99	0.001587536	0.001576235	0.7%
		7.76	0.002507524	0.002440147	2.8%
		12.78	0.003184891	0.003099461	2.7%
D：无砂混凝土板上沿水流方向均匀铺设 20cm 中、小和大粒径粗粒石	$\varphi=0.0002H^{-1.9942}$，$R^2=0.9994$	3.04	0.001098703	0.001020803	7.6%
		7.39	0.001721882	0.001511265	1.4%
		11.66	0.002168599	0.002035461	6.5%
F：无砂混凝土板上沿水流方向均匀铺设 20cm 小、大和中粒径粗粒石	$\varphi=0.0001H^{-1.7839}$，$R^2=0.9996$	3.85	0.00082198	0.000793246	3.6%
		7.86	0.00137033	0.001353169	1.3%
		12.94	0.001958255	0.001885681	3.8%

曲线所代表工况	拟合公式	工作水头	理论流量值	实际流量值	相对误差/%
H：无砂混凝土板上沿水流方向均匀铺设20cm大、小和中粒径粗粒石	$\varphi=0.0001H^{-1.9253}$，$R^2=0.9991$	3.73	0.000667074	0.000742578	10%
		5.83	0.000862269	0.000984256	12.4%
		11.99	0.001305	0.001465032	11%
J：无砂混凝土板上沿水流方向均匀铺设20cm中、大和小粒径粗粒石	$\varphi=0.00009H^{-1.879}$，$R^2=0.99984$	2.9	0.000545764	0.000530817	2.8%
		8.7	0.001079685	0.001048734	3.0%
		13.18	0.001397407	0.001358637	2.9%
L：无砂混凝土板上沿水流方向均匀铺设20cm大、中和小粒径粗粒石	$\varphi=0.00008H^{-1.9154}$，$R^2=0.9984$	2.68	0.000445647	0.000419721	6.2%
		8.08	0.000849524	0.000904908	6.1%
		12.98	0.001120788	0.00109628	2.2%

表 5.7 为通过三种不同粒径组合下粗粒石的拟合公式计算得到的渗流量与试验得到的渗流量的对比验算结果，可以看出，最大相对误差不超过 12.4%，说明该拟合关系式是正确的。

5.5 粗粒石作用下的无砂混凝土板渗流量影响因素分析

5.5.1 粗粒石粒径对无砂混凝土板透水能力影响的对比分析

为了较精确地分析粗粒石的粒径对无砂混凝土板透水能力的影响，以无砂混凝土板上铺设 60cm 小粒径粗粒石工况下的渗流量为基准，用铺设 60cm 中粒径粗粒石、大粒径粗粒石的工况下的渗流量与基准的比值进行分析，得出的渗流量比值结果如图 5.8 所示。

图中 B 代表无砂混凝土板上铺设 60cm 中粒径粗粒石的工况下的渗流量与基准的比值，图中 C 代表无砂混凝土板上铺设 60cm 大粒径粗粒石的工况下的渗流量与基准的比值。由图 5.8 可以看出：对于同一块无砂混凝土板，同一工作水头下，随着粗粒石粒径的增大，渗流量比值逐渐增大，而且渗流量比值较大，说明粗粒石的粒径对无砂混凝土板渗透能力的影响很大。对比图 5.8（a）、图 5.8（b）可以看出，无砂混凝土板的容重越大，相同工作水头下渗流量比值越大，说明粗粒石的粒径对容重大的无砂混凝土板渗透能力的影响

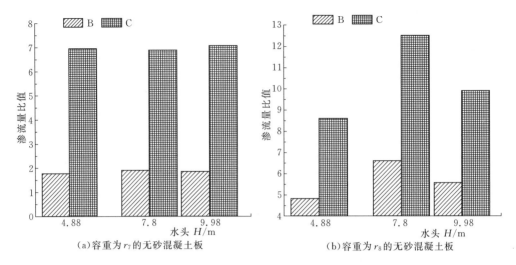

（a）容重为 r_7 的无砂混凝土板　　　　　（b）容重为 r_8 的无砂混凝土板

图 5.8　无砂混凝土板上铺设不同粒径粗粒石渗流量比值

较小。

5.5.2　粗粒石的铺设顺序对无砂混凝土板渗透能力影响的对比分析

为了较精确地分析粗粒石的铺设顺序对无砂混凝土板渗透能力的影响，对 6 种铺设顺序在同一工作水头下的渗流量进行了比较，渗流量为：

Q_1——沿水流方向依次铺设 20cm 大、中和小粒径粗粒石工况下的渗流量；

Q_2——沿水流方向依次铺设 20cm 小、中和大粒径粗粒石工况下的渗流量；

Q_3——沿水流方向依次铺设 20cm 中、小和大粒径粗粒石工况下的渗流量；

Q_4——沿水流方向依次铺设 20cm 小、大和中粒径粗粒石工况下的渗流量；

Q_5——沿水流方向依次铺设 20cm 大、小和中粒径粗粒石工况下的渗流量；

Q_6——沿水流方向依次铺设 20cm 中、大和小粒径粗粒石工况下的渗流量；

以 Q_1 为渗流量基准值，定义 n_i 为其他各种工况下的渗流量与基准值的比值，得出：

$$n_1 = \frac{Q_2}{Q_1}, n_2 = \frac{Q_3}{Q_1}, n_3 = \frac{Q_4}{Q_1}, n_4 = \frac{Q_5}{Q_1}, n_5 = \frac{Q_6}{Q_1}$$

通过计算得出渗流量比值结果如图 5.9 所示。

从图 5.9 可以看出：粗粒石的铺设顺序会影响无砂混凝土板的透水能力。从 $n_1 > n_2 > n_3 > n_4 > n_5$，可得出沿水流方向粗粒石的粒径越来越大时，其渗流量越来越大，其对无砂混凝土板的渗透能力的影响越来越小，而且 n_1 远大于 n_2、n_3、n_4、n_5，说明沿水流方向依次铺设 20cm 小、中和大粒径粗粒石的铺设顺序对无砂混凝土板的渗透能力的影响远小于其他几种铺设顺序。

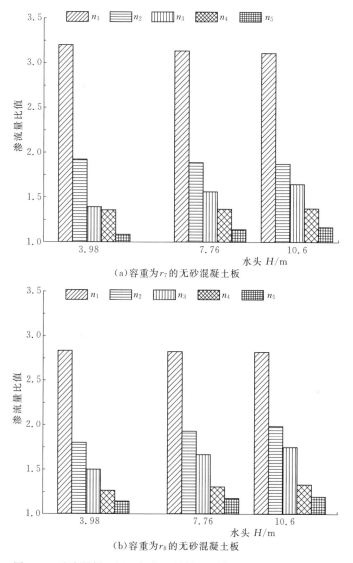

(a)容重为r_7的无砂混凝土板

(b)容重为r_8的无砂混凝土板

图 5.9 无砂混凝土板上粗粒石的铺设顺序不同下的渗流量比值

5.5.3 利用 R 语言多元线性回归的粗粒石作用下的无砂混凝土板渗流特性影响因素分析

1. R 语言简介

R 语言可以视作是 S 语言的一种形式,是用于统计分析、绘图的语言和操作环境。它既是一种软件,也可以说是一种语言。其功能包括:数据存储和处理系统;完整连贯的统计分析工具;十分优秀的统计制图功能;简便强大的编程语言;可以操纵数据的输入和输出,可以实现分支、循环,用户可自定义等功能。

现在越来越多的人都开始接触、学习和使用 R 语言，因为它有着其显著的优点，主要包括以下几点：

（1）R 语言是一款免费的实用软件，在使用的过程中不需要支付任何的费用，但其功能跟其他同类软件相比差不多。

（2）浮点运算功能十分强大。

（3）不依赖于操作系统：R 语言可以在 UNIX，Linux，Windows 和 Macintosh 的操作系统上运行，它们的安装说明与安装文件都可以在 CRAN（Comprehensive R Archive Network）社区上下载。

（4）帮助功能非常完善：R 语言嵌入了一个十分实用的帮助系统。通过输入 help（）函数命令可随时了解 R 语言所提供的各类函数的应用实例和使用方法。

（5）作图功能强大。

（6）统计分析能力非常突出。

（7）R 语言是面向对象的统计编程语言。

（8）R 语言与其他编程语言、数据库之间有着很好的接口。

2.　自变量与因变量的相关性分析

粗粒石作用下的无砂混凝土板渗流特性的主要影响因素有：工作水头、无砂混凝土板的容重、无砂混凝土板上粗粒石的粒径、无砂混凝土板上粗粒石的铺设顺序。因此，利用 R 语言对这四种影响因素进行相关分析与多元线性回归分析。

对于同一块无砂混凝土板，通过 R 语言分析工作水头与无砂混凝土板的渗流量的相关性，结果如下（Q_1：渗流量；H：工作水头）：

> cor. test（Q_1，H，conf. level＝0.95）

Pearson's product‐moment correlation

data：　Q_1 and H

t = 16.2388, df = 3，p‐value = 0.0009522

95 percent confidence interval：

0.9134835 0.9996463

sample estimates：

cor

0.9914237

结论：因为 $p=0.0009522<0.05$，根据数理统计上的检验原理，可得出拒绝原假设，从而认为因变量 Q_1 与自变量 H 相关。而且相关性 $cor(Q_1，H)=0.9914237$。

同理，通过 R 语言分析在同一工作水头下，无砂混凝土板的容重与渗流量的相关性，其结果如下（Q_2：渗流量；R：无砂混凝土板的容重）：

p‐value＝0.04464

cor（Q_2，R）＝－0.9975428

结论：因为 $p=0.04464<0.05$，拒绝原假设，从而认为因变量 Q_2 与自变量 R 相关，而且相关性 cor $(Q_2，R)=-0.9975428$。

同理，对于同一块无砂混凝土板，在板上分别铺设不同粒径的粗粒石，采用 R 语言分析在同一工作水头下，粗粒石的粒径大小与渗流量的相关性，其结果如下（Q_3：渗流量；d：粗粒石的粒径）：

$$p-value=0.04154$$
$$cor（Q_3，d）=0.9943598$$

结论：因为 $p=0.04154<0.05$，拒绝原假设，从而认为因变量 Q_3 与自变量 d 相关，而且相关性 cor $(Q_3，d)=0.9943598$。

因为 $|cor(Q_2，R)|>cor(Q_3，d)>cor(Q_1，H)$，所以无砂混凝土板的容重对无砂混凝土板渗透能力的影响＞粗粒石的粒径＞工作水头。

由于粗粒石的铺设顺序属于非数值型的，故采用 R 语言中的方差分析，对六种不同粗粒石铺设顺序下的渗流量有无显著差异进行分析。在方差分析的 F 检验中，是以各个试验组内总体方差齐次性为前提的，因此在方差分析之前，要对各个试验组内的总体方差先进行齐次性检验，检验结果如下：

＞bartlett. test（flow～order，data＝data）

bartlett test of homogeneity of variances

data：flow by order

bartlett' sK - squared = 4. 8729，df = 5，p - value = 0. 4316

齐次性检验时 p 值越大，证明没有差异，说明方差齐。由检验结果可以看出 $p>0.05$，说明方差齐次性符合。

下面进行方差分析，运行结果如下：

＞ fit＜- aov（flow～order，data＝data）

＞ summary(fit)

	Df	Sum Sq	Mean Sq	F value	Pr （＞F）
order	5	5.5802e - 06	1.1160e - 06	37. 623	6.446e - 09 * * *
Residuals	18	5.3390e - 07	2.9660e - 08		

由运行结果可以看出 $p<0.05$，最后一列三个"＊"，说明粗粒石的铺设顺序跟渗流量有显著关系，即粗粒石的铺设顺序对无砂混凝土板的渗透能力影响大。

在单自变量的条件下，采用 R 语言对渗流量、工作水头、粗粒石的粒径、无砂混凝土板的容重进行多元回归分析，得出工作水头、粗粒石的粒径、无砂混凝土板的容重对无砂混凝土板的渗透能力的影响程度，分析的结果如下：

＞Data＜- read. table（"clipboard"，header＝T）

＞ flow＜- data. frame（渗流量，水头，容重，粒径）

＞ gre＜- lm（渗流量～水头＋容重＋粒径，data＝flow）

＞ summary（gre）

表 5.8 R 语言多元回归分析的结果

	Estimate	Std. Error	t value	$p\,(>|t|)$	
（Intercept）	1.089×10^{-1}	8.007×10^{-3}	13.595	0.000170	***
水头	1.633×10^{-3}	3.889×10^{-4}	4.198	0.013719	*
容重	-5.149×10^{-6}	3.726×10^{-7}	-13.817	0.000159	***
粒径	5.055×10^{-6}	3.726×10^{-7}	0.441	0.0082320	**
	Residual standard error：0.0007437 on 4 degrees of freedom Multiple R - squared：0.98，Adjusted R - squared：0.965 F - statistic：83.51 on 3 and 5 DF，p - value：0.0001083				

由表 5.8 可得出渗流量与工作水头、无砂混凝土板的容重、粗粒石粒径之间的多元回归方程为：$Q=1.089\times10^{-1}+1.633\times10^{-3}H-5.149\times10^{-6}r+5.055\times10^{-6}D$。

根据统计学可得，p 值是一个概率，它估计系数不显著的可能性，由表 4.1 可以看出用回归方程检验的 F 统计量的 p 值与用于回归系数检验的 t 统计量的 p 值均很小（<0.05），因此每个回归方程与回归系数的检验都是显著的，而且从表 4.1 中可得，每个变量对应的最后一列都至少有一个"＊"，说明这三个变量都是显著性变量。t 统计量的 p 值越小，表示变量的系数越显著，表明该 p 值所对应的自变量对无砂混凝土板的渗流量的影响程度越大。因此由表 4.1 中的 p 值，可得到无砂混凝土板的容重对无砂混凝土板的渗透能力的影响最大，其次是粗粒石的粒径，最后是工作水头。

综上 R 语言的两种分析方法可以得出，对无砂混凝土板的渗透能力的影响程度从大到小为无砂混凝土板的容重、粗粒石的粒径、工作水头。

5.6　粗粒石作用下的无砂混凝土板渗流特性数值模拟

5.6.1　模型的建立和网格的划分

1. 3D 模型的建立

以容重为 r_7 的无砂混凝土板上铺设大粒径粗粒石为例，对应于无砂混凝土板上铺设单一粒径粗粒石的试验装置图，通过 GAMBIT 软件建立一个 3D 多孔介质模型，用于模拟无砂混凝土板和大粒径粗粒石组成的渗流系统中多孔介质的渗流。建立 3D 模型时，以无砂混凝土板的底面为初始面，无砂混凝土板的中心为坐标系的原点，模型包括 0.5m×0.6m×0.2m 的无砂混凝土板，0.5m×0.6m×

0.6m 的大粒径粒石层，粗粒石层上面为高 1.3m 水流，总高度是 2.1m。3D 模型图如图 5.10 所示。

2. 划分网格以及边界条件类型的指定

在建立的 3D 模型下，渗流取水系统中水沿 z 轴负方向流动，渗流系统横剖面为 xoy 平面。

对 3D 模型进行网格划分，由于渗流装置几何结构比较简单，求解容易，所以选用四边形或六面体等结构化网格，可以比较容易地控制在不同方向上网格疏密，而且可以降低误差，提高精度，生成高质量的网格，本文选用六面体（Hex）与 Map 结合的网格划分方法。水流采用网格间距（Interval size）为 0.03m 的尺寸划分，网格数量为 14620 个，因为无砂混凝土板和粗粒石中水流运动复杂，为了得到更准确的结果，网格划分密一些，则采用网格间距为 0.02m 的尺寸划分，网格数量为 30000 个，总网格数量为 44620 个。检查网格质量，结果显示网格划分质量很好。

对边界条件类型进行指定，由于进口处水流流速已知，所以渗流系统模型入口边界条件类型 Type 为速度入口（VELOCITY_INLET），取名为 inlet；出口处与空气接触，故出口边界条件指定为压力出口（PRESSURE_OUTLET），取名为 outlet；三个体连接的四个交界面都设置为 INTERFACE；对其他的所有面指定为 WALL，不用取名。最后输出 mesh 网格文件。模型划分网格如图 5.11 所示。

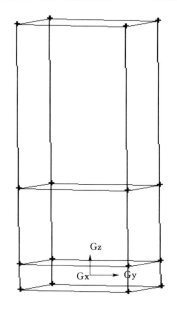

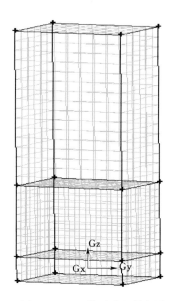

图 5.10　GAMBIT 软件中的渗流　　　　图 5.11　3D 模型的网格划分
　　　　系统装置模型图

5.6.2　Fluent 软件中的计算步骤和参数选取

通过物理模型试验，得出粗粒石作用下的无砂混凝土板渗流系统在不同工作水头下的渗流流量值，再由水力学公式 $v = Q/A$，Q 代表渗流流量，A 代表过水断面面积，求出粗粒石作用下的无砂混凝土板渗流系统在不同工作水头下的渗流流速值 v，见表 5.9。

表 5.9　　　　　　　物理模型试验中不同压力水头下的渗流流量及流速值

工作水头 H/m	渗流流量 $Q/(\text{m}^3/\text{s})$	流速 $v/(\text{m/s})$	工作水头 H/m	渗流流量 $Q/(\text{m}^3/\text{s})$	流速 $v/(\text{m/s})$
3.49	0.004767	0.015891	9.96	0.008405	0.028018
4.88	0.005623	0.018745	10.88	0.009017	0.030058
5.69	0.006208	0.020694	11.94	0.009532	0.031775
6.9	0.006849	0.02283	12.63	0.009903	0.033011
7.8	0.007154	0.023847	13.72	0.010577	0.035257
8.79	0.007757	0.025857	14.6	0.011028	0.036761

根据物理模型试验中的参数，采用 Fluent 软件设定 GAMBIT 软件中建立的 3D 模型的参数，通过 Fluent 软件数值模拟，得出同样工况下的几何模型中不同水流流速下的压强值，再通过换算可以把压强值变为工作水头值，就可以得到不同渗流流量下的工作水头值。

启动 Fluent 三维单精度求解器，读入 GAMBIT 输出的 mesh 网格文件，检查该网格文件，没有负体积的网格出现，然后为了加快计算速度，需要 reorder 网格（对计算域内的网格重新编号和排序）。

选择计算模型：流体为黏性流体，需要考虑其黏性，而且根据物理室内模型试验分析得到流体在渗流系统里的渗流特性为层流到紊流的过渡区，所以需要设置湍流模型，模型为标准 k-ε 模型，其方程为

k 方程：

$$\rho \frac{\partial k}{\partial t} = \frac{\partial}{\partial x_i} \left[\left(\mu + \frac{\mu_t}{\sigma_k} \right) \frac{\partial k}{\partial x_i} \right] + G_k + G_b - \rho\varepsilon - Y_M \qquad (5.37)$$

ε 方程：

$$\rho \frac{\partial \varepsilon}{\partial t} = \frac{\partial}{\partial x_i} \left[\left(\mu + \frac{\mu_t}{\sigma_\varepsilon} \right) \frac{\partial \varepsilon}{\partial x_i} \right] + G_{1\varepsilon} \frac{\varepsilon}{k} (G_k + C_{3\varepsilon} G_b) - C_{2\varepsilon} \frac{\varepsilon^2}{k} \qquad (5.38)$$

式中：k 为湍动能；ε 为湍流耗散率；G_k 为平均剪切速率变化而导致的 k 产生的变量项；G_b 为受浮力影响引起的 k；Y_M 为湍动脉动膨胀对总的 ε 的影响，对于不可压流体 Y_M 为 0；湍流黏滞系数 $\mu_t = \rho C_\mu \kappa^2 / \varepsilon$；参数设置默认为常数。

操作环境的设置：参考压力所在的位置设置在坐标系中心点处，需要考虑重

力的影响，重力加速度的大小为 $9.8\mathrm{m/s^2}$；定义流体的物理性质：流体物质设置为液体水，水的密度为 $998.2\mathrm{kg/m^3}$，比热容 C_p 为 $4182\mathrm{J/(kg \cdot K)}$，黏性 $0.001003\mathrm{kg/(m \cdot s)}$ 等。边界条件的设置：根据经验公式

$$\alpha = \frac{d_p^2}{150} \frac{\varepsilon^3}{(1-\varepsilon)^2} \tag{5.39}$$

$$C_2 = \frac{3.5}{d_p} \frac{(1-\varepsilon)}{\varepsilon^3} \tag{5.40}$$

式中：d_p 为介质的粒径；ε 为介质的孔隙率。

无砂混凝土板的孔隙率的测量步骤为：①在试验箱体里装入一定高度（高度要大于无砂混凝土板的厚度）的水；②用电葫芦将无砂混凝土板放入试验箱体里；③测出水上升的高度，计算出水上升部分的体积，记为 v，无砂混凝土板的体积记为 v_1；④根据孔隙率公式 $n=v/v_1 \times 100\%$，计算得出无砂混凝土板的孔隙率为 0.2586。

粗粒石的孔隙率的测量步骤为：①将粗粒石装入一个已洗干净、自然风干的大量筒中，装满至与筒口的边沿平齐，即加入的大粒径粗粒石的表观体积为量筒的容积，记为 V；②另用 2000mL 容积的量筒量取一定体积水缓慢加入大量筒中，直至水面与筒口的边沿平齐，记加入的总水量为 V_1；③根据孔隙率公式 $n=V/V_1 \times 100\%$，计算得出大粒径粗粒石的孔隙率为 0.5135；设置无砂混凝土板的黏性阻力系数 $\frac{1}{\alpha}$ 为 3082331.82 和惯性阻力系数 C_2 为 1940.14，以及粗粒石的黏性阻力系数 $\frac{1}{\alpha}$ 为 37400.17 和惯性阻力系数 C_2 为 107.63；根据流量值设置水流入口速度为 0.016m/s；求解方法的设置及其控制：设置残差标准和迭代次数；计算结果的后处理：显示压力分布云图，绘制渗流出水流量与工作水头的关系曲线图。

5.6.3　粗粒石作用下的无砂混凝土板渗流特性模拟结果与分析

为了分析粗粒石作用下的无砂混凝土板渗流系统在特定的渗流流量下的压强变化，选取 surface 为 $x=0$ 的压力分布云图，选取渗流流量为 $0.004767\mathrm{m^3/s}$ 时的模拟结果，来分析粗粒石作用下的无砂混凝土板渗流系统中压力的变化过程，结果如图 5.12 所示。

由图 5.12 可以看出几何模型中最大压力集中在粗粒石与水面的接触面位置，在无砂混凝土板和粗粒石中压力沿水流方向渐渐变小，其原因是无砂混凝土板和粗粒石中水流会受到阻力，因此会存在沿程损失；而且无砂混凝土板中的压力变化比粗粒石中更复杂，主要原因是无砂混凝土板的孔隙率更小，其阻力系数更大。

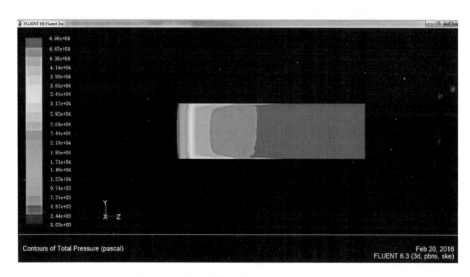

图 5.12　渗流系统中的水流压力分布云图

由物理模型试验得到的不同工作水头下的渗流流量值，拟合出工作水头和渗流流量的关系曲线，再由试验中得到的渗流量值通过数值模拟得出所对应的工作水头模拟值，见表 5.10，拟合出渗流流量与工作水头的关系曲线；最后把这两个关系曲线进行对比分析，来验证 Fluent 软件计算无砂混凝土板和粗粒石组成的多孔介质中渗流的准确性。分析结果如图 5.13 所示。

表 5.10　　　　　　　　　数值模拟中不同渗流流速下的工作水头值

渗流流量 $Q/(m^3/s)$	流速 $v/(m/s)$	工作水头 H/m	渗流流量 $Q/(m^3/s)$	流速 $v/(m/s)$	工作水头 H/m
0.004767	0.015891	3.41	0.008405	0.028018	10.47
0.005623	0.018745	4.37	0.009017	0.030058	11.32
0.006208	0.020694	5.25	0.009532	0.031775	12.01
0.006849	0.02283	6.78	0.009903	0.033011	12.52
0.007154	0.023847	7.97	0.010577	0.035257	13.58
0.007757	0.025857	8.96	0.011028	0.036761	14.25

根据数值模拟计算结果和物理模型试验结果的对比，由图 5.13 可以看出，相同工况时，同一渗流流量下的 Fluent 数值模拟计算得到的工作水头和物理模型试验中的工作水头基本一致，而且其最大误差为 4.87%，最小误差为 0.58%，从而验证了利用 Fluent 软件数值模拟方法来研讨无砂混凝土板和粗粒石组成的

多孔介质中的渗流是可行的。

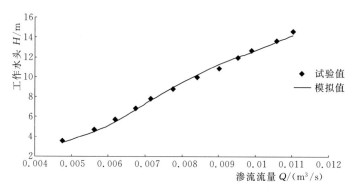

图 5.13　不同渗流流量下的工作水头对比图

参 考 文 献

[1] 孔祥言，卢德唐. 渗流力学的理论应用及其前沿研究 [J]. 中国科学技术大学学报，2007，37 (10)：1262 - 1266.

[2] 苑莲菊. 工程渗流力学及应用 [M]. 北京：中国建筑工业出版社，2001.

[3] Evje, S., Karlsen, K. H. (2006). Hyperbolic - elliptic models for well - reservoir flow [J]. Networks and Heterogeneous Media, 2006, 1 (4)：639 - 673.

[4] Qin Zhang, Shaohua Hu, Feng Zhang. Steady and Nonsteady Seepage Flow Analysis for the Yangtze Embankment due to Bridge Construction Original [J]. Procedia Earth and Planetary Science, 2012, (5)：124 - 129.

[5] Jean - Pierre Bardet, Tetsuo Tobita. A practical method for solving free - surface seepage problems [J]. Computers and Geotechnics, 2002, 29 (6)：451 - 475.

[6] Chu - Agor M L, Fox G A, Wilson G V. Empirical sediment transport function predicting seepage erosion undercutting for cohesive bank failure prediction [J]. Journal of Hydrology, 2009, 337 (1.2), 155 - 164.

[7] Yassin Z Osman, Michael P Bruen. Modelling stream - aquifer seepage in an alluvial aquifer: an improved loosing - stream package for modflow [J]. Journal of Hydrology, 2002, 264 (1.4), 69 - 86.

[8] Vahid Nourani, Mohammad Hossein Aminfar, Mohammad Taghi Alami. Unsteady 2 - D seepage simulation using physical analog, case of Sattarkhan embankment dam [J]. Journal of Hydrology, 2014, 519 (27)：177 - 189.

[9] R Islam M. Mechanics of foam flow in porous - media and applications [J]. Journal of Canadian petroleum technology, 1989, 28 (4)：88 - 96.

[10] Kim S M, Ghiaasiaan S M. Numerical modeling of laminar pulsating flow in porous media [J]. Journal of Fluids Engineering, Transactions of the ASME, 2009, 131 (4)：31 - 39.

[11] 张因，厚美瑛. 简单复杂流体中发现暂态剪切带 [J]. 物理，2010，39 (7)：489.

[12] 刘乃震，王廷瑞，刘孝良，等. 非牛顿流体的稳定性及其流态判别 [J]. 天然气工业，2003，23 (1)：53 - 57.

[13] 刘建军，裴桂红. 我国渗流力学发展现状及展望 [J]. 武汉工业学院学报，2002，(3)：99 - 103.

[14] 刘俊丽，刘曰武，黄延章. 渗流力学的回顾与展望 [J]. 力学与实践，2008，(1)：94 - 97.

[15] 中华人民共和国水利部. 土的工程分类标准：GB/T 50145—2007 [S]. 北京：中国计划出版社，2008.

[16] 中华人民共和国水利部. 土工试验规程：SL 237—1999 [S]. 北京：中国水利水电出版社，1999.

[17] 中华人民共和国建设部. 岩土工程勘察规范：GB 50021—2001 [S]. 北京：中国建筑工业出版社，2009.

[18] 吴持恭. 水力学 [M]. 北京：高等教育出版社，2003.

[19] 张明斌. 河床砂卵石介质渗透特性的试验研究及应用 [D]. 太原：太原理工大学，2013.

[20] 黄俊. 渗流基本规律研究的综述 [J]. 四川水利发电，1984，(12)，86-95.

[21] Ergun S. Fluid flow through packed columns [J]. Chemical Engrg. Progress，1952，48 (2)：89.

[22] Scheidegger A. On the stability of displacement fronts in porous media：a discussion of the Muskat-Aronofsky model [J]. Canadian Journal of Physics，1960，38 (2)：153-162.

[23] Caulkin Richard，Jia Xiaodong，Fairweather Michael，Williams Richard A. Predictions of porosity and fluid distribution through nonspherical-packed columns [J]. AIChE Journal，2002，58 (5)：1503-1512.

[24] Schneebeli G. Experiences sur la limite de validite de la loi de Darcy et l'apparition de laturbulence dans un ecoulement de filtration [J]. La Houille Blanche，1955，(2)：141-149.

[25] Ward J. Turbulent flow in porous media [M]. University of Arkansas，Engineering Experiment Station，1965.

[26] Bakker A，Myers K，Ward R，et al. The laminar and turbulent flow pattern of a pitched blade turbine [J]. Chemical Engineering Research and Design，1996，74 (A4)：485-491.

[27] 李大梁. 低透水性土的渗透系数测定 [J]. 水利水运科学研究，1984，(3)：79-86.

[28] 胡顺军，田长彦，宋郁东，等. 土壤渗透系数测定与计算方法的探讨 [J]. 农业工程学报，2011，27 (5)：68-72.

[29] 吉青克. 大孔隙材料渗透系数的室内测定 [J]. 公路交通科技，2002，19 (2)：31-34.

[30] 展梅英，俞宁. 粉砂土的渗透系数的测定 [J]. 大坝观测与土工测试，1996，20 (4)：47-48.

[31] 毛拥熙. 渗流计算分析与控制 [M]. 北京：中国水利水电出版社，2003.

[32] J. Bear. 多孔介质流体动力学 [M]. 李竞生，陈崇希，译. 北京：中国建筑工业出版社，1983.

[33] Taylor D W. Fundamentals of soil mechanics [M]. New York：John Wiley & Sons，Inc，1948.

[34] 朱崇辉，刘俊民，王增红. 无粘性粗粒土的渗透试验研究 [J]. 人民长江，2005，36 (11)：53-55.

[35] 朱崇辉，刘俊民，王增红. 粗粒土的颗粒级配对渗透系数的影响规律研究 [J]. 人民黄河，2005，27 (12)：79-81.

[36] 孙陶. 无黏性粗粒土渗透系数的近似计算 [J]. 四川水力发电，2003，22 (2)：29-31.

[37] 梁军，孙陶，李蓉. 瓦屋山面板坝含软岩堆石体长期渗流研究 [J]. 四川水利，1997，18 (4)：26-31.

[38] 邱贤德，阎宗岭，姚本军，陶世宏. 堆石体渗透特性的试验研究 [J]. 四川大学学报（工程科学版），2003，35 (2)：6-9.

[39] 邱贤德，阎宗岭，刘立，等. 堆石体粒径特征对其渗透性的影响 [J]. 岩土力学，2004，25（6）：950−954.

[40] 郭庆国. 粗粒石的工程特性及应用 [M]. 郑州：黄河水利出版社，1998.

[41] 侯再恩，张可村. 堆积颗粒系统中颗粒级配的优化 [J]. 高校应用数学学报 A 辑（中文版），2005，20（4）：409−416.

[42] 朱崇辉，刘俊民，王增红. 粗粒土的颗粒级配对渗透系数的影响规律研究 [J]. 人民黄河，2005，27（12）：79−81.

[43] 张平，吴昊，殷洪建，等. 颗粒级配对毛细水上升影响的研究 [J]. 节水灌溉，2010，(7)：24−26.

[44] 孔祥言. 高等渗流力学 [M]. 合肥：中国科学技术大学出版社，1999.

[45] 郭东屏，张石峰. 渗流理论基础 [M]. 西安：陕西科学技术出版社，1994.

[46] 吴林高. 渗流力学 [M]. 上海：上海科学技术文献出版社，1996.

[47] 李作勤. 黏土的压密状态及其力学性质 [J]. 岩土力学，1982，3（1）：45−53.

[48] 李作勤. 关于黏土压密类型的鉴别问题 [J]. 岩土工程学报，1984，6（1）：67−78.

[49] 邱长林，闫澍旺，孙立强，等. 孔隙变化对吹填土地基真空预压固结的影响 [J]. 岩土力学，2013，34（3）：631−638.

[50] Hayes R E，Afacan A，Boulanger B，et al. Modelling the flow of power law fluids in a packed bed using a volume−averaged equation of motion [J]. Transport in Porous Media，1996，23（2）：175−196.

[51] Dunn I S. 土工分析基础 [M]. 孔德坊，等译. 北京：地质出版社，1984.

[52] 唐亮. 浅论无砂混凝土及其在道路工程中的应用 [J]. 科技资讯，2007，(16)：40.

[53] 付贵海，张林洪，王苏达，等. 无砂混凝土作反滤层的试验研究 [J]. 公路工程，2005，30（2）：1−4.

[54] 徐立新. 无砂混凝土在道桥工程中的应用 [J]. 公路，2000，(6)：28−31.

[55] 陶新明. 无砂大孔混凝土配合比设计、成型及养护 [J]. 混凝土，2010，(10)：136−138.

[56] 周勇，肖汉宁，李九苏. 无砂透水性再生混凝土生产工艺研究 [J]. 混凝土，2008，(9)：36−37.

[57] 苏萍，刘焕芳，李强，等. 大比降灌溉渠陡坡消能的试验研究 [J]. 中国农村水利水电，2001，(5)：30−32.

[58] 刘焕芳，张开泉. 水电站引水渠上涡管排沙式沉沙池试验研究 [J]. 石河子大学学报（自然科学版），1997，1（4）：55−60.

[59] Amparano Felix E，Xi Yunping. Pumpability of non−sand concrete with anti−segregative additives [J]. ACI Materials Journal，1998，95（6）：695−703.

[60] 王海萍. 透水混凝土及其排水系统设计与研究 [D]. 淮南：安徽理工大学，2014.

[61] 张娜. 透水混凝土堵塞机理试验研究 [D]. 济南：山东大学，2014.

[62] Montes F，Haselbach L. Measuring hydraulic conductivity in pervious concrete [J]. Environmental Engineering Science，2006，23（6）：960−969.

[63] 甘冰清. 透水混凝土的配合比设计及其性能研究 [D]. 淮南：安徽理工大学，2015.

[64] 郑木莲，陈拴发，王秉纲. 基于正交试验的多孔混凝土配合比设计方法 [J]. 同济大学学报（自然科学版），2006，34（10）：1319−1323.

［65］ 高建明，吉伯海，吴春笃，等．植生型多孔混凝土性能的试验［J］．江苏大学学报
（自然科学版），2005，26（4）：345－349.

［66］ 刘娟红，王胜永，王波，等．无砂透水混凝土在北京市南北长街道路工程中的应用研
究［J］．混凝土，2006，（3）：81－83.

［67］ 李学军，王明祥．无砂多孔混凝土试验研究［J］．西北水资源与水工程，1997，8
（4）：28－31.

［68］ 霍亮，高建明．透水性混凝土透水系数的试验研究［J］．混凝土与水泥制品，2004，
（1）：44－46.

［69］ 张东辉，金峰，施明恒，等．多孔介质渗流随机模型［J］．应用科学学报，2003，21
（1）：88－92.

［70］ 张培文，刘德富，宋玉普．多孔介质上浅水流动的数学模型［J］．长江科学院院报，
2003，20（3）：13－16.

［71］ 李培超．多孔介质流-固耦合渗流数学模型研究［J］．岩石力学与工程学报，2004，23
（16）：2842.

［72］ 褚卫江，徐卫亚，苏静波．变形多孔介质流固耦合模型及数值模拟研究［J］．工程力
学，2007，24（9）：56－64.

［73］ 刘文超，姚军，王建忠．低渗透多孔介质非达西渗流动边界界面追踪［J］．计算物理，
2012，29（6）：823－827.

［74］ 李培超，孔祥言，卢德唐．饱和多孔介质流固耦合渗流的数学模型［J］．水动力学研
究与进展，2003，18（4）：419－426.

［75］ 詹美礼，胡云进，速宝玉．裂隙概化模型的非饱和渗流试验研究［J］．水科学进展，
2002，13（2）：172－178.

［76］ 俞波，胡去劣．过水堆石体的渗流计算［J］．水利水运科学研究，1996，（1）：64－69.

［77］ 马崇武，刘忠玉，王卫平．非达西渗流时一维固结方程的两种数值解法［J］．兰州理
工大学学报，2007，33（3）：128－131.

［78］ Fredlund G D. Unsaturated Soil Mechanics in Engineering Practice［J］. Journal of
Geotechnical and Geoenvironmental Engineering，2006，132（3）：286－321.

［79］ 张巍．地下工程复杂渗流场数值模拟与工程应用［D］．武汉：武汉大学，2005.

［80］ 石志远．广义三重介质渗流模拟在锦屏二级水电站隧洞高压涌突水研究中的应用［D］.
成都：成都理工大学，2012.

［81］ 李万平，万亚军．计算流体力学［M］．武汉：华中科技大学出版社，2004.

［82］ 李勇，刘志友，安亦然，等．介绍计算流体力学通用软件——Fluent［J］．水动力学研
究与进展，2001，16（2）：254－258.

［83］ 朱自强，李津．计算流体力学中的网格生成方法及其应用［J］．航空学报，1998，19
（2）：152－158.

［84］ 于荣泽，卞亚南，杨正明，等．低渗透多孔介质变渗透率数值模拟方法［J］．科技导
报，2010，28（20）：29－33.

［85］ 宋永占，赵廷红，张由素，等．Fluent 数值模拟重力坝坝基渗流场的准确性分析［J］.
水电能源科学，2011，29（11）：73－76.

［86］ 张瑜，李治勤．基于 Fluent 的具有防渗墙堤基的渗流场数值模拟分析［J］．太原理工
大学学报，2013，44（4）：539－542.

［87］ 孟祥奎，王涛，孙曼曼，等．多孔介质内流体压降的数值模拟［J］．青岛科技大学学报（自然科学版），2013，34（3）：254－259.

［88］ 王磊，李永业，孙西欢，等．泥沙对水库渗流取水效能影响的试验研究［J］．中国农村水利水电，2014，（8）：134－137.

［89］ 石继忠，李永业，孙西欢，等．水库采用无砂混凝土管渗流法取水的试验研究［J］．中国农村水利水电，2014，（10）：126－128.

［90］ Hong Zheng, Feng Liu, Chunguang Li. Primal mixed solution to unconfined seepage flow in porous media with numerical manifold method Original［J］. Applied Mathematical Modelling, 2015, 39（2）: 794－808.

［91］ Karan S, Kidmose J, Engesgaard P, et al. Role of a groundwater ake interface in controlling seepage of water and nitrate Original［J］. Journal of Hydrology, 2014, 517（19）: 791－802.

［92］ Sung Yong Jung, Seungmin Lim, Sang Joon Lee. Investigation of water seepage through porous media using X－ray imaging technique Original［J］. Journal of Hydrology, 2012,（25）: 83－89.

［93］ Zhenhua Ouyang, Meifeng Cai, Changhong Li, et al. Seepage effects of groundwater and its make－up water on triggering ground subsidence Original［J］. Journal of University of Science and Technology, 2006, 13（1）: 11－15.

［94］ Convective heat transfer and thermal dispersion during laminar pulsating flow in porous media［J］. International Journal of Thermal Sciences, 2011, 50（4）: 440－448.

［95］ 陈永红，袁志宇，杨晓敏，等．渗滤取水技术在浠水县南城水厂的应用［J］．中国农村水利水电，2008，（6）：23－24.

［96］ 李晓，杨立中．利用天然河床渗滤取水的新技术［J］．中国给水排水，2003，19（6）：74－76.

［97］ 陈台智，周志彰．开拓供水新领域施工天然滤床渗流井取水工程［J］．探矿工程，1995，（1）：11－13.

［98］ 郑新蕾，王玮，刘基，等．陕北佳县南河底水源地渗流井取水效果分析［J］．水资源与水工程学报，2011，22（2）：37－39.

［99］ 丁天生，陈枭萌，徐嘉璐．张家川水源地不同取水方式对比分析［J］．水资源与水工程学报，2013，24（4）：41－44.

［100］ 叶成明，李小杰，刘迎娟．浅层地下水取水工程综述［J］．探矿工程，2011，38（6）：29－32.

［101］ 邓亮．骨料分布对无砂混凝土板透水能力的影响研究［D］．太原：太原理工大学，2016.

［102］ 邓亮，李永业，孙西欢．骨料渗透特性试验研究［J］．人民黄河，2018，40（4）：136－138.

［103］ 石继忠．不同无砂混凝土板在水库渗流取水中的效能试验研究与数值模拟分析［D］．太原：太原理工大学，2015.

［104］ 李鑫，李永业，孙西欢．不同放置方式对无砂混凝土板过水流量的影响［J］．水电能源科学，2016，34（5）：117－119.

［105］ 石继忠，李永业，孙西欢，等．水库采用无砂混凝土管渗流法取水的试验研究［J］．

中国农村水利水电，2014，(10)：126-128.

[106] 刘丹，石继忠，李永业，等. 大孔隙渗滤集水系统结构设计及集水效能 [J]. 江苏农业科学，2016，44 (1)：391-393.

[107] 郑文慧，李永业，孙西欢，等. 集渗廊道取水试验研究与分析 [J]. 人民黄河，2015，37 (2)：104-106.

[108] 郑伟，郭向红，李永业，等. 无砂混凝土板在泥沙淤塞前后渗水效率试验研究 [J]. 中国农村水利水电，2015，(7)：149-152.

[109] 王磊. 粗粒石铺设特征对渗透特性影响的试验研究 [D]. 太原：太原理工大学，2015.

[110] 李鑫. 不同粒径均值碎石的渗透特性研究 [D]. 太原：太原理工大学，2016.

[111] 王磊，李永业，孙西欢，等. 泥沙对水库渗流取水效能影响的试验研究 [J]. 中国农村水利水电，2014，(8)：134-137.

[112] 唐正光，王苏达，吴培关，等. 碎石的可压实性及压实对渗透性能的影响 [J]. 昆明理工大学学报（理工版），2006，31 (5)：61-64.

[113] 方新平，易小波. 非黏性土相对密度测定 [J]. 科技风，2010，(8)：133.

[114] 石自堂. 浅析山区河流取水建筑物的发展特点 [J]. 农田水利与小水电，1993，(9)：3-8.

[115] 马立平. 回归分析 [M]. 北京：机械工业出版社，2014.

[116] 阮敏，何秋轩. 低渗透非达西渗流综合判据初探 [J]. 西安石油学院学报（自然科学版），1999，14 (4)：53-55.

[117] Qian Jiazhong, Wang Jiaquan, Li Ruzhong, et al. Formulaefor average velocity of groundwater flow and experimentalevidence of non-Darcy's flow through a single fracture [J]. Journal of hydrodynamics, 2003, 5 (6)：56-62.

[118] 严格. 地下水集取工程反滤料的试验研究 [D]. 乌鲁木齐：新疆农业大学，2012.

[119] 徐婕，詹士昌，田晓岑. 量纲分析的基本理论及其应用 [J]. 大学物理，2004，23 (5)：54-58.

[120] 白新桂. 数据分析与试验优化设计 [M]. 北京：清华大学出版社，1986.

[121] 孙西欢，李永业. 筒装料管道水力输送影响因素分析：水力学与水利信息学研究进展论文集 [C]. 北京：海洋出版社，2009.

[122] 魏志静，刘希玉，赵庆祯，等. 基于 SPSS 软件与多元线性回归分析理论的分析 [J]. 信息技术与信息化，2006，(2)：107-109.

[123] 孙逸敏. 利用 SPSS 软件分析变量间的相关性 [J]. 新疆教育学院学报，2007，23 (2)：120-123.

[124] 刘仁兴. 不同粒径分布多孔介质渗流的微观数值模拟研究 [D]. 武汉：武汉工业学院，2012.

[125] Paradis E, Claude J, Strimmer K. APE：analyses of phylogenetics and evolution in R language [J]. Bioinformatics, 2004, 20 (2)：289-290.

[126] 纪相禹. 基于 R 语言的差异表达基因检测研究 [D]. 长春：吉林大学，2011.

[127] 李亚男. 天津地区典型入海河流营养盐和有机物的污染解析与控制 [D]. 天津：天津大学，2012.

[128] 汤银才. R 语言与统计分析 [M]. 北京：高等教育出版社，2008.

[129] 翟少丹. 基于混合模型的聚类算法研究 [D]. 西安：西北大学，2009.